Dr. med. vet. Ulrike Werner
mit Claudia Lardon-Kattenbusch

# Sorgenkätzchen

Eine Tierärztin erzählt
von ihren ungewöhnlichsten Patienten

 PENGUIN VERLAG

**MIX**
Papier aus verantwor-
tungsvollen Quellen
**FSC® C014496**
FSC
www.fsc.org

Verlagsgruppe Random House FSC® N001967

**PENGUIN** VERLAG

PENGUIN und das Penguin Logo sind Markenzeichen
von Penguin Books Limited und werden
hier unter Lizenz benutzt.

1. Auflage 2017
Copyright © 2017 Lardon Media AG
© 2017 Penguin Verlag, München,
in der Verlagsgruppe Random House GmbH,
Neumarkter Str. 28, 81673 München
Umschlaggestaltung: Sabine Kwauka
Coverfoto: Getty Images / Neo Vision, Amana Images
Illustrationen: Inka Hagen
Redaktion: Matthias Bischoff
Satz: Uhl + Massopust, Aalen
Druck und Bindung: GGP Media GmbH, Pößneck
Printed in Germany
ISBN 978-3-328-10056-0
www.penguin-verlag.de

 Dieses Buch ist auch als E-Book erhältlich.

# Inhalt

Vorwort                                                        7

1. Zwei Rothaarige in Berlin-Lichtenrade                      11

2. Der Schrank                                                 26

3. Die Spieluhr am Babybettchen                               36

4. Die Ent-Täuschung besiegt die Täuschung                    53

5. Wenn Abessinier sprechen könnten                           65

6. Zwei Designerkatzen in einer Designerwohnung               76

7. Diese Stille im Kopf                                        84

8. Elvis und die Kartoffeln                                   101

9. Das hohe C und die Oliven                                  112

10. Landluft                                                  131

11. Das Dixi-Klo in Kreuzberg                                 140

12. Mein kürzester Hausbesuch                                 153

13. Das kleine Stinktier aus dem Obdachlosenheim             157

14. Großbaustelle                                      171

15. Alkim-Alper, der tapfere Held                       184

16. Ein Spiegel zu viel                                 198

17. Persinese Mustafa                                   207

18. Kaiser Augustus                                     214

## Vorwort

Ich bin kein Fan von langen Einleitungen. Schon in meinem Hundebuch habe ich mich kurz gefasst. Nun sitze ich also hier vor einem fast leeren Blatt Papier und merke, wie Paule mich anstarrt. Es ist Sonntag, kurz nach sechs Uhr morgens. Draußen hängt noch dichter Nebel über den Feldern. Aber das schreckt Paule nicht – im Gegenteil! Paule ist halb Kartäuser, halb Maine Coon und versteht gerade ganz und gar nicht, warum ich ihm die Terrassentür noch nicht geöffnet habe.

Von der Terrasse aus geht es nämlich direkt nach unten, in den Garten und weiter in den Wald, seinen Wald. Okay, das stimmt nicht so ganz – er teilt sich das Revier mit Gustav und Charly, den Nachbarskatzen. Aber damit kommt er gut klar, er hält es mit der Schweiz und bleibt neutral. Ein Pazifist unter den Katzen.

Mit Katzen habe ich beruflich viel zu tun. Mein Name ist Ulrike Werner. Ich bin Tierärztin aus Leidenschaft und führe eine mobile Praxis für Verhaltensmedizin und Verhaltenstherapie in Berlin und Brandenburg. »Mobile Praxis« bedeutet, dass ich mich in mein Tierarztauto setze und meine Klienten in ihrem Zuhause besuche. So erfahre ich am besten, wo der Schuh drückt oder, besser gesagt, die Samtpfote juckt.

Ich habe mich auf das Spannungsfeld zwischen Mensch und Tier spezialisiert, deshalb rede ich auch nicht von meinen Patienten, sondern von Klienten. Wenn es zu massiven Störungen im Zusammenleben zwischen Katzen und ihren Herrchen oder Frauchen kommt, dann bin ich diejenige, die es wieder richten soll. Dabei ist neben meinen tierärztlichen Kenntnissen immer auch viel Menschenkenntnis gefragt. Manchmal müssen Mensch und Tier sich nur verstehen lernen, damit aus dem Sorgenkätzchen wieder eine glückliche Schmusekatze wird.

In den fünfzehn Jahren seit Bestehen meiner mobilen Praxis habe ich so viele interessante Begegnungen gehabt, dass ich Ihnen einfach mal davon erzählen muss. Ich habe lustige, skurrile und manchmal auch tragische Dinge erlebt. Einige Geschichten sind so eigenartig, dass Sie sich vielleicht sogar fragen werden, ob das denn wirklich wahr sein kann. Ja, lieber Leser: Alle Geschichten sind tatsächlich so passiert, wurden von mir aber, zum Schutz der Privatsphäre aller Beteiligten, leicht verfremdet.

Ich glaube, ich kann Ihnen versprechen, dass Sie sich nicht langweilen werden. Langeweile ist für Katzen übrigens der Stressfaktor Nummer eins. Katzen sind anspruchsvolle Wesen und ähneln uns in dieser Beziehung sehr. Vielleicht ist das auch einer der Gründe, warum wir von der Gattung Felidae so fasziniert sind.

Katzen sind hierzulande die beliebtesten Haustiere. Eine Katze hält uns auf Trab und überrascht uns stets aufs Neue, mit ihren witzigen Einfällen und ihrem Jagdinstinkt, den sie auch im Haus ausleben will. Sie erobert unsere Herzen mit ihrer Anmut, ihrem Bedürfnis nach Nähe und mit ihrer wunderbaren Fähigkeit, im Hier und Jetzt zu entspannen. Was ist schon beruhigender als das wohlige Schnurren einer Katze, die bei uns auf dem Schoß liegt und sich kraulen lässt?

Die Fallgeschichten in diesem Buch sind abwechslungsreich und unterhaltsam; Sie werden schmunzeln, lachen, vielleicht sogar weinen, sich mehrfach wundern, den Kopf schütteln und auch nachdenklich werden. Es könnte passieren, dass Sie Ihre Katze, sofern Sie selbst eine besitzen, danach mit etwas anderen Augen sehen.

Antworten darauf, was ein glücklicher Kater, eine glückliche Katze wirklich braucht, finden sich an den verschiedensten Stellen in meinen Geschichten. Und selbst wenn es bei Ihnen und Ihrem Stubentiger richtig gut läuft, ist es doch nicht verkehrt, sich hier und da Anregungen zu holen.

Denn immerhin erwarten wir von Hauskatzen, dass sie unser Leben teilen. In freier Natur könnten sie, auch wenn das viel gefährlicher ist, nach Herzenslust herumstromern und ihre Instinkte ausleben. Da sollten wir also bemüht sein, es ihnen in unserem Zuhause so behaglich und naturnah wie möglich zu machen.

Ich freue mich, wenn Sie mich bei meiner Arbeit begleiten. Kommen Sie mit zu achtzehn spannenden Hausbesuchen.

Ihre Dr. Ulrike Werner

## Anmerkung der Autorin zu ärztlicher Schweigepflicht und Persönlichkeitsrechten

Ich habe die in diesem Buch geschilderten Erlebnisse mit Katzen und ihren Besitzern mit viel Fantasie verändert oder ausgeschmückt und teilweise ähnliche Fälle zu einem neuen kombiniert, sodass niemand der Beteiligten befürchten muss, hier wiedererkannt zu werden.

Seit über zehn Jahren arbeite ich mit kranken und fehlgesteuerten Katzen und kann daher aus einem reichen Fundus schöpfen. Meine jahrelange Erfahrung hilft mir dabei, immer wieder ähnliche Muster und Probleme aufzuspüren und gemeinsam mit den Klienten, die sich vertrauensvoll an mich wenden, daran zu arbeiten, dass sich die Situation wieder einrenkt oder zumindest wesentlich verbessert.

Mein oberstes Ziel ist immer, dass es Mensch und Tier miteinander gut geht. Nur wenn gar nichts mehr geht und die Katze so leidet, dass ich ihr nicht anders helfen kann, empfehle ich eine Trennung von ihrem Besitzer oder ihrer Besitzerin (siehe die Geschichte Nr. 10, *Landluft,* und Nr. 15, *Alkim-Alper, der tapfere Held*).

An keiner Stelle habe ich meine ärztliche Schweigepflicht verletzt. Wer sich an mich wendet, kann sicher sein, dass jeder Fall von mir mit der größten Diskretion behandelt wird.

## I. Zwei Rothaarige in Berlin-Lichtenrade

Viele niedergelassene Tierärzte in Berlin und im Berliner Um-
land sehen in meiner mobilen Praxis für Verhaltenstherapie
eine willkommene Ergänzung zu ihrem eigenen Leistungs-
spektrum. Ich habe mir seit Gründung meiner mobilen Praxis
einen Ruf als Spezialistin für schwierige Fälle erarbeitet. Der
Schwerpunkt meiner Tätigkeit liegt auf Verhaltensproblemen
bei Katzen und Hunden. Wenn ich die Tiere in ihrem häuslichen Umfeld erlebe, bekomme ich einen ganz anderen Ein-
blick in die Problematik, als dies in einer stationären Tierarzt-
praxis möglich ist.

Der behandelnde Haustierarzt stellt in der Regel eine
Überweisung an mich aus und gibt auch, falls erforderlich,
seine Befunde an mich weiter. Ich behandle das Tier dann,
sofern ich das für sinnvoll erachte, mit verhaltenstherapeu-
tisch-medizinischen Methoden. Die Kollegen bekommen
nach der Anamnese einen Befundbericht von mir. Ebenso
erhalten sie im Rahmen einer Rücküberweisung nach Ende
der Therapie einen Abschlussbericht. So sind sie im Bilde
über das, was ich mit meinem speziellen Ansatz bei ihren
Patienten erreicht habe.

Mittlerweile sind es mehr als 200 Kollegen und Kolleginnen, die mit mir zusammenarbeiten, wenn bei Hunden oder Katzen trotz ausführlicher Untersuchungen keine eindeutigen organischen Befunde festzustellen sind, das Problem aber, weswegen Herrchen oder Frauchen in die Praxis gekommen ist, weiterhin besteht.

Nicht selten gerate ich in die Rolle der Detektivin, die durch kluges Kombinieren und logisches Schlussfolgern herausbekommt, was des Pudels Kern, oder sollte ich besser sagen der Katze Knötchen, ist?

Auf diese Weise geriet ich auch an den Fall von Balou und seinem Herrchen Christian Langer. Eine erfahrene Kollegin, mit der ich schon lange kooperiere und darüber hinaus auch befreundet bin, erzählte mir von den beiden. Wir haben uns während unserer Studienzeit kennengelernt; mittlerweile praktiziert sie in einer Kleintierklinik südlich von Berlin. Wir freuen uns immer, wenn wir unseren Patienten mit vereinten Kräften helfen können, insbesondere in solchen Fällen, die zunächst wenig aussichtsreich schienen. An diesem Morgen hatten wir telefonisch ein paar Fälle abgeschlossen und waren beide entsprechend gut gelaunt.

»Ich hab da noch einen neuen Patienten«, meinte die Kollegin auf einmal, »Balou, ein acht Jahre alter kastrierter Kater, der mir seit Wochen Rätsel aufgibt. Und nicht nur mir! Er ist ein wunderschönes Kerlchen, kräftig und rot gestromt. Der Besitzer hat mich konsultiert, weil sein Kater zeitweise stark humpelt. Er zieht dann sein Hinterbein schlaff hinter sich her, ich habe es mit eigenen Augen gesehen.«

»Ach ja ...?«, signalisierte ich mein Interesse.

»Du kannst dir ja vorstellen, dass wir das Tier hier in der Klinik bereits gründlich durchgecheckt haben. Ich habe eine ausführliche Lahmheitsdiagnostik gemacht, dazu eine Blutuntersuchung – es kann ja auch eine Infektionskrankheit dahinterstecken –, wir haben das Tier geröntgt, einen Ultraschall der Gelenke gemacht, dazu die neurologischen Untersuchungen. Das hat der kleine Kerl alles schon hinter sich. Schließlich habe ich ein paar Kollegen aus der Klinik hinzugezogen, aber niemand von uns kann sich die Symptome erklären, wir tappen irgendwie alle im Dunkeln.«

Gemeinsam schwiegen wir einen Augenblick, ich hatte spontan auch nichts Erhellendes beizutragen.

»Es muss für diese hochgradige Lahmheit, auch wenn sie nur zeitweise auftritt, doch eine organische Ursache geben«, insistierte die Kollegin. Dieser knifflige Fall würde ihr keine Ruhe lassen, dafür kannte ich sie gut genug. Etwas zögerlich kam dann doch die Frage an mich: »Sag mal, ein Verhaltensproblem kann das doch nicht sein, oder?!«

Das konnte ich mir, nach allem, was ich wusste, auch nicht so recht vorstellen, andererseits hatte ich bei meinen Besuchen schon die tollsten Überraschungen erlebt. Spannend fand ich das Ganze in jedem Fall. Ich muss auch zugeben, dass mein beruflicher Ehrgeiz gerade durch die kollegiale Skepsis angestachelt war. Ich hatte Lust, mehr über Balou und seinen Halter zu erfahren, und schlug ihr vor, meine Visitenkarte weiterzugeben. Und tatsächlich meldete sich der Katzenhalter nur wenige Tage später. Christian Langer fragte, ob er erst mal ganz allgemein von sich und seinem Kater erzählen solle.

»Ja, bitte, machen Sie das doch, und ich mache mir dabei ein paar Notizen«, ermunterte ich ihn, zog meinen Notizblock und den Stift näher zu mir heran und war aufnahmebereit für alles, was da kommen würde.

Was ich in der nächsten Viertelstunde zu hören bekam, klang zunächst völlig normal. Herr Langer hatte sich den Kater angeschafft, als er von zu Hause ausgezogen war. Der junge Mann erzählte mir, dass er 27 sei, ein technisches Studium in Potsdam absolviert habe und mittlerweile als Ingenieur arbeite. Voller Stolz berichtete er: »Ich habe eine schöne Erdgeschosswohnung mit Garten für mich und Balou gefunden. Sobald ich zu Hause bin, darf mein Kater auch raus. Was schön ist: Ich brauche keine Angst zu haben, dass er mir wegläuft oder anderswie Unsinn anstellt. Er bleibt immer innerhalb des Gartenzauns.«

Was er unter »Unsinn« verstand, wenn sich seine Katze in ihrem natürlichen Lebensraum bewegte, der ja auch außerhalb des kleinen Gartens weiterging, hätte ich schon gern gewusst. Aber fürs Erste verkniff ich mir diese Frage und notierte nur die Fakten.

Balou hatte die Möglichkeit zu kontrolliertem Freigang, wenn sein Herrchen zu Hause war. Das war gut – wobei der Kater erstaunlicherweise nie den Garten verließ. Ich notierte ein Fragezeichen. Dem musste ich noch nachgehen.

Christian Langer geriet hörbar ins Schwärmen: »Ach, wissen Sie, Balou passt wirklich gut zu mir! Er ist sehr häuslich, genau wie ich, und friedlich ist er auch! Revierkämpfe mit Nachbarskatzen und all so etwas«, nun bekam seine sympathische Stimme etwas leicht Herablassendes, »habe ich bei ihm noch nie erlebt!« Hier musste ich den begeisterten Katervater etwas bremsen, ich wollte lieber noch mehr über die häusliche Umgebung erfahren.

»Dass er sich in Ihrem Garten frei bewegen kann, ist ja prima, aber nun konzentrieren wir uns mal darauf, wie Sie Ihren Kater in der Wohnung untergebracht haben und was Sie ihm da so alles bieten.«

»Ja, also, er hat eigentlich alles bei mir, zwei Katzenklos, einen Kratzbaum mit mehreren Etagen und einer Höhle und noch andere Verstecke in der Wohnung. Ich habe auch ganz viele Spielsachen und Beschäftigungsmöglichkeiten für ihn«, fasste mein Gesprächspartner zusammen.

Ich bekam nun in aller Ausführlichkeit geschildert, welche sehr empfehlenswerten Katzenfuttersorten Balou abwechselnd bekam sowie welche Leckerli er bevorzugte. Meine Gedanken schweiften ab. Wo sollte ich ansetzen? Diesem Kater schien es wirklich an nichts zu fehlen. Mein erstes Fazit: ein etwas überbehüteter Kater. Aber wie viele Katzenbesitzer verwöhnen ihren Liebling, ohne dass dieser gleich zu humpeln beginnt.

Herr Langer gestand mir, dass ihn sein Gewissen plagte. »Balou ist ja so viel alleine, wenn ich zur Arbeit muss. Ich spiele aber mit ihm, sobald ich nach Hause komme. Nur sein Humpeln macht mir immer wieder Sorgen.« Der junge Mann tat mir leid, ich konnte heraushören, wie ratlos und verzweifelt er war.

»Wann hat das Lahmen denn genau angefangen?«

Die Antwort kam wie aus der Pistole geschossen: »Vor fünf Jahren war das, kurz vor Weihnachten. Da zog Balou auf einmal sein rechtes Hinterbein nach. Nach ein paar Tagen war das dann aber komischerweise wieder weg. Ich habe zunächst seine Pfote untersucht, ob er sich da einen Dorn oder so etwas in der Art reingetreten hatte, aber da war nichts.«

»Und wie ging es dann weiter?«

»Seitdem tritt das mit dem Humpeln immer wieder auf. Meist zieht er nur ein Hinterbein nach. Das kann mal das rechte, auch mal das linke sein, manchmal sind es aber auch beide. Sie können es mir glauben, Frau Doktor Werner, ich habe mir schon das Hirn zermartert, aber mir fällt nichts dazu ein. Alles Grübeln führt zu nichts. Und die ganzen teuren Untersuchungen bisher haben ja auch nichts Konkretes ergeben!« Er schwieg einen Moment.

»Ich führe übrigens genau Buch darüber, wie lange das Humpeln bei Balou anhält und welches der beiden Hinterbeine betroffen ist. Ich dachte, vielleicht komm ich so drauf, aber …«

Er ließ den Satz im Raum hängen.

Aha, hier ist ja ein ganz penibler Katzenvater am Werk, dachte ich, konnte zu diesem Zeitpunkt aber noch keine weiteren Schlüsse daraus ziehen.

Christian Langer hatte inzwischen seine Zweifel, ob die Tiermedizin ihnen noch helfen konnte. Vier Tierärzte hätte er schon aufgesucht, alle ohne Erfolg. Er wollte aber unbedingt, dass ich mir Balou ansähe; vielleicht würde ja der verhaltenstherapeutische Ansatz etwas ergeben. So drängte er darauf, dass ich den beiden möglichst bald einen Besuch abstatten sollte. Ich erklärte mich einverstanden.

Er meinte es wirklich ernst. Den Anamnesefragebogen, den ich ihm nach unserem Gespräch per Mail zuschickte, bekam ich noch am selben Tag zurück. Der Fragenkatalog war sorgfältig durchgearbeitet worden, die Antworten waren ausführlich. Doch auch in diesem Material ließ sich nichts finden, was ein zeitweise auftretendes Humpeln erklären konnte. Einen Hinweis auf ein psychisches Problem gab es nicht.

Ich rief an, um abzusagen, aber Balous Herrchen wollte das nicht gelten lassen. Ich wies ihn auf weitere Ausgaben hin – schließlich sei dann erneut ein Arzthonorar fällig und vermutlich wieder ohne Resultat –, aber meine Einwände fruchteten nicht. Er bezirzte mich mit seinem jugendlichen Charme: »Ich habe ein gutes Gefühl bei Ihnen! Ich spüre, dass Sie Balou helfen können. Bitte, Frau Doktor Werner, kommen Sie zu uns!«

Na toll. Immer dieser Erwartungsdruck. Das war ich zwar eigentlich gewohnt, aber in diesem Fall war ich von vorneherein skeptisch.

Ich ließ mir von meiner Kollegin aus der Tierklinik sämtliche Befunde kommen und studierte sie aufmerksam. Zwei Tage später fuhr ich, mit sehr gemischten Gefühlen und etwas unsicher, nach Berlin-Lichtenrade.

Auf mein Klingeln hin musste ich nur kurz warten, dann ertönte der Summer, und ich wurde ins Haus gelassen. Balou saß erwartungsvoll auf dem Treppenabsatz. Ein prächtiger Kerl, genau so hatte ich ihn mir die Kollegin beschrieben. Ein großes, kräftiges Tier mit einem ausdrucksstarken Kopf, rot gestromt. Er schaute mir fest in die Augen und maunzte laut.

Ich hatte dabei irgendwie ein mulmiges Gefühl, es kam mir fast so vor, als könnte mir das stolze Tier in die Seele schauen. Als ich auf ihn zuging, nahm er Kontakt zu meinem ausgestreckten Zeigefinger auf und rieb sein Köpfchen an meiner Hand. Dabei wandte er seinen Blick aber nicht ab, sondern schaute mir unverwandt in die Augen, was mir merkwürdig vorkam. Was wollte er bloß von mir? »Na komm, lass uns reingehen zu deinem Herrchen«, sprach ich ihn an.

Sein Besitzer stand in der Wohnungstür und hatte unser erstes Zusammentreffen aufmerksam beobachtet. Ich nickte und lächelte ihn an, dann schaute ich wieder zu Balou, der sich erhob, um mir zu folgen, und erschrak. Dieser stolze, kräftige Kater bot mit einem Mal einen traurigen Anblick, als er sein rechtes Hinterbein, wie bei einer schlaffen Lähmung typisch, hinter sich herzog.

Ich überspielte die Schrecksekunde und schüttelte Herrn Langer die ausgestreckte Hand. Ein attraktiver junger Mann stand da vor mir und strahlte mich an. Wow! Und ein Rotschopf war er auch. Da passten zwei gut zueinander. Ich musste unwillkürlich schmunzeln, registrierte dabei unterschwellig allerdings einen schlaffen Händedruck, der mir nicht so recht zum Gesamtbild zu passen schien.

Als mein neuer Klient beim Umdrehen nach einer Gehstütze griff, die er kurz zuvor an der Wand abgestellt haben musste, schaute ich genauer hin.

»Ich geh mal vor!« Mit diesen Worten bedeutete Herr Langer mir, ihm zu folgen.

Ich hatte die Tür hinter mir ins Schloss gedrückt und ging hinter ihm her. Mir fiel auf, dass er leicht humpelte und das rechte Bein etwas nachzog. Eigenartig. Wir betraten ein helles und geräumiges Wohnzimmer, das sparsam, ohne jeden Schnickschnack, mit hellen Holzmöbeln eingerichtet war.

Ein Kiefernschrank mit zwei Glastüren – er enthielt ein paar Gläser und etwas Geschirr – stand an der Wand gegenüber dem Fenster, daneben ein Möbel für den Fernseher und die anderen elektronischen Geräte. Ein Bücherregal, das neben einer überschaubaren Zahl an Büchern ein paar Aktenordner enthielt, schmückte die Stirnwand. Davor befand sich ein schlichter Kiefernschreibtisch, mit einer Tastatur und einem großen Bildschirm. Da hatte wohl jemand einen Großeinkauf bei einem schwedischen Möbelhaus getätigt.

Keine Stehlampe, keine Bodenvase, keine Beistelltischchen. Die Vermutung lag nahe, dass der Wohnungsinhaber nicht um viele Möbelstücke und anderen Zierrat herumkurven wollte. Wohlwollend registrierte ich, dass der Kratzbaum für Balou ausladend war: Er verfügte über drei Etagen, davon zwei mit Höhlen, und war direkt neben dem Regal platziert, sodass Balou leicht dort hinüberspazieren konnte.

Etwas unbeholfen ließ sich der junge Mann auf einem gepolsterten Stuhl nieder und wies mit dem ausgestreckten Arm auf ein braunes Ledersofa, auf dem ich Platz nehmen sollte. Wider Erwarten versank ich nicht in den Polstern, sondern saß vergleichsweise hart und hoch. Wie es so meine Art ist, sprach ich ihn direkt auf sein Gehproblem an.

»Herr Langer, möchten Sie mir von Ihrem gesundheitlichen Problem erzählen? Sie haben sich nichts gebrochen, oder?«

Er verneinte und begann zu erzählen, wie die Multiple

Sklerose bei ihm ausgebrochen war, eine tückische Krankheit, die vor allem junge Erwachsene trifft und noch immer nicht heilbar ist. Durch geeignete Maßnahmen versuchen die Ärzte zwar mit zunehmendem Erfolg, die Selbstständigkeit der Betroffenen möglichst lange aufrechtzuerhalten. Aber irgendwann landen viele MS-Patienten im Rollstuhl und sind mehr und mehr auf Hilfe angewiesen.

Bei Christian Langer war die Krankheit vor fünf Jahren diagnostiziert worden. Er hatte eine schubförmig remittierende MS, bei der sich die einzelnen Schübe bislang immer vollständig zurückgebildet hatten. Vor allem das motorische System war betroffen, daher hatte er zeitweise Lähmungserscheinungen in den Beinen.

»Ich komme aber sehr gut damit klar«, versicherte er mir und strahlte mich voller Optimismus an, was mich sehr beeindruckte.

Aber was war davon zu halten, dass auch Balou sein rechtes Hinterbein nachzog? Um meinen Verdacht zu bestätigen, war jetzt eine gründliche Anamnese erforderlich.

Dazu wollte ich gern alles sehen, was Christian Langer aufgeschrieben hatte, wenn Balou lahm ging. Ich überflog seine detaillierten Notizen, und dabei kam mir eine Idee: Wenn jemand derart gründlich Protokoll über die Krankengeschichte seines Katers führte, dann doch möglicherweise auch über die eigene Krankheit?

Ich hatte richtig vermutet. Christian Langer deutete prompt auf sein Bücherregal. »Ich hole Ihnen mal die Ordner, einen Moment!« Er stand etwas schwerfällig auf, ging dann, etwas vorsichtiger, als es normal gewesen wäre, zum

Regal und kehrte mit zwei akkurat beschrifteten Akten-ordnern freudestrahlend zurück. In dem einen hatte er die Untersuchungsergebnisse abgelegt, die ihn betrafen; in dem anderen Ordner steckte seine Sammlung von allgemeinen Informationen über das Erkrankungsbild von MS.

»Bitte zeigen Sie mir doch mal die Unterlagen, aus denen ersichtlich ist, wann die einzelnen Schübe bei Ihnen aufge-treten sind und wie lange sie gedauert haben.«

Ich wollte mich nicht durch den ganzen Aktenberg wüh-len müssen. Auch so waren es immer noch viele Seiten, auf denen dokumentiert war, wie die Krankheitsphasen im Ein-zelnen verlaufen waren. Herr Langer ließ mich die Unter-lagen in Ruhe studieren. Er bot an, mir in der Zwischenzeit einen Tee zu machen.

Mich interessierten hauptsächlich die Zeitprotokolle von Herrchen und Kater, die ich miteinander vergleichen wollte. Die Notizen zu den Humpelattacken des Katers hatte ich neben den Krankenordner von Herrn Langer auf den Wohn-zimmertisch gelegt, blätterte hin und her und machte mir dabei Notizen.

Ich bedankte mich für den frisch gebrühten Tee und bat Herrn Langer mit einer Handbewegung, doch neben mir auf dem Sofa Platz zu nehmen. Ich nahm einen Schluck Tee und vertiefte mich wieder in die Papiere. Schließlich konnte ich es mir nicht länger verkneifen, ihn zu fragen: »Ahnen Sie auch, was ich ahne?«

Er zuckte mit den Schultern: »Sie meinen, dass es da einen Zusammenhang gibt?«

Sein Tonfall klang etwas skeptisch, so richtig folgen konnte er mir noch nicht, schaute aber weiter gespannt zu.

Was ich in den Protokollen entdeckte, faszinierte mich. Und ich fand es gleichzeitig auch etwas unheimlich: Immer ein bis zwei Tage nachdem Christian Langer einen Schub bekommen hatte, hatte sein Kater ebenfalls angefangen zu lahmen und das Bein hinter sich herzuziehen. Und was die Protokolle zusätzlich ergaben: Balou zog das Bein jedes Mal auf der entsprechenden Körperseite wie sein Herrchen hinter sich her.

Die Symptome der letzten fünf Jahre waren bei beiden diesbezüglich deckungsgleich!

Balou spiegelte Christian Langer, so lautete meine Diagnose. Vorsichtig versuchte ich, meinem Klienten die Situation zu erklären: »Dieses spiegelnde Verhalten ist gar nicht so selten, Herr Langer. Es tritt vor allem dann auf, wenn die Bindung zwischen Mensch und Tier sehr eng ist. Vielleicht zu eng!«

Ich erläuterte das nun ausführlicher, kam auch auf den Garten zu sprechen, den Balou ja niemals verließ, und sprach weitere Dinge im Zusammenleben der beiden an. Ich merkte, wie es dem Mann neben mir immer schwerer fiel, die Fassung zu bewahren. Nicht lange und er begann, leise zu weinen.

Das Weinen wurde immer heftiger, schließlich war es, als wäre bei ihm eine Schleuse geöffnet worden. Ich kramte nach einem Taschentuch und legte ihm einen Arm um die Schulter, versuchte, ihn so etwas zu beruhigen. Er fiel mir in die Arme. So saßen wir eine Weile, bis er sich wieder gefangen hatte.

Balou war inzwischen auf den Sofatisch gesprungen, hatte sich auf die Krankenakten gesetzt und schaute uns unentwegt an, so wie er das mit mir schon zu Beginn meines Besuchs gemacht hatte. Von diesem Kater ging wirklich etwas aus!

Sein Herrchen war momentan aber viel zu sehr mit sich selbst beschäftigt, um das zu registrieren. Er begann davon zu erzählen, wie wichtig Balou schon immer für ihn gewesen sei. Dass er oft geglaubt hatte, niemand könne ihn so gut verstehen wie sein Kater, manchmal hätte er sogar den Eindruck, dieser könne seine Gedanken lesen.

Mich wunderte das gar nicht. Die beiden waren wirklich sehr eng miteinander. Zu eng für das Tier.

Was war zu tun, wenn der Kranke das nächste Mal einen Schub bekam? Wir besprachen alles ganz ausführlich. Schließlich kamen wir zu dem Schluss, dass der Kater in solchen Fällen künftig vorübergehend zu einer Freundin gegeben werden sollte, die in der Nachbarschaft wohnte und bei der sich Balou wohlfühlte. Sie hatte ihn schon mehrfach als Urlaubsvertretung bei sich gehabt und gut versorgt.

»Lieber Herr Langer, ich kann Ihnen nur dringend ans Herz legen, sich eine Zweitkatze anzuschaffen, eine, die gut zu Balou passt. Sonst wird Ihr Kater es nicht schaffen, sich aus dieser engen Bindung zu Ihnen zu lösen. Diese totale Konzentration auf Sie, diese völlige Hingabe ist für Ihren Kater nicht gesund, das haben Sie ja erlebt. Und für Sie selbst übrigens auch nicht«, fügte ich etwas leiser hinzu. Der junge Mann nickte heftig, er wirkte erleichtert und war einsichtig. Er war bereit, alle meine Ratschläge in die Tat umzusetzen.

Abends schrieb ich einen ausführlichen und eher ungewöhnlichen Befundbericht an die Kollegin aus der Kleintierklinik. Eine Fachbezeichnung für meine verhaltensmedizinische Diagnose gab es damals und gibt es auch bis heute noch nicht. Zumindest wird sie bislang weder an der Universität noch an der Akademie für tierärztliche Fortbildung gelehrt. Mir sind solche »Spiegel-Fälle«, wie ich sie nenne, allerdings schon ein paarmal begegnet.

Die nächsten zwei Jahre blieb ich mit Christian Langer lose in Verbindung. Ich erfuhr, dass Balou eine Spielgefährtin bekommen hatte. Über den Tierschutz war eine gleichaltrige Siamkatze in den Zweier-Haushalt eingezogen, und die Eingewöhnung hatte mit ein paar Tipps von mir auch gut geklappt. Etwa ein Jahr nach meinem Hausbesuch telefonierten wir wieder einmal. Bei dieser Gelegenheit erwähnte Herr Langer dann, eher nebenbei, eine sehr sympathische neue Arbeitskollegin. Später gestand er mir, dass er sehr verliebt in sie sei.

»Wir verbringen die meiste Zeit bei mir zu Hause, und das wirkt sich auch positiv auf Balou aus. Er ist längst nicht mehr so fixiert auf mich.«

Balou ging nie wieder lahm, obwohl Christian Langer noch einige Schübe erlitt.

Damals habe ich viel darüber nachgedacht, was es wohl mit einem macht, wenn man eine derartige gesundheitliche Krise durchlebt und den ganzen Tag von seinem Kater beobachtet wird, der ebenso lahmt und sein Bein schlaff hinter sich herzieht. Ist es geteiltes Leid? Schafft es Nähe? Oder regt es einen eher auf?

Ich musste auch an meinen Belgischen Schäferhund Vitus denken. Kündigte sich bei mir ein schwerer Migräneanfall an, hielt er bereits ein bis zwei Stunden zuvor seinen Kopf tiefer und drückte ihn an meine Wohnzimmerwand oder an die Sofalehne. Dann wusste ich schon, dass es bald an der Zeit sein würde, mein Migränemedikament zu schlucken und schnell noch einiges zu erledigen.

Aus seiner Zuchtlinie sind viele Hunde speziell für den Einsatz als Assistenzhunde ausgebildet worden. Sie arbeiten in Kanada, Schweden, Dänemark und in der Schweiz als Behindertenbegleithunde und Blindenführhunde. Oft hatte ich den Eindruck, mit einem Seismografen auf vier Beinen zusammenzuleben. Aber das ist eine andere Geschichte.

## 2. Der Schrank

»Frau Doktor? Sind Sie es selber?«

Da hatte die Anruferin richtig getippt. Und echt Glück gehabt.

Ich bin fast nie direkt zu sprechen – entweder bin ich mit meinem Praxismobil unterwegs zu Hund und Katze, oder ich sortiere meinen Terminkalender, studiere die täglich eintrudelnden neuen Anamnesebogen und Mailnachrichten, überprüfe die Verhaltensprotokolle, die mir Klienten während der Therapien schicken, oder telefoniere und tausche Faxe mit Kollegen, die eine Haustierarztpraxis führen. Ich finde es wichtig, eng mit den behandelnden Haustierärzten zusammenzuarbeiten. Und wie viel Zeit ich allein mit Rückrufen an Klienten verbringe! Das macht fast ein Viertel meiner Arbeitszeit aus, aber das gehört eben alles dazu.

Was ich da ohne Hansi machen würde, weiß ich nicht. Hansi ist meine Mailbox, müssen Sie wissen. Hansi sammelt zuverlässig Namen, Fakten und Emotionen, speichert die verzweifelten Hilferufe von Anrufern, die sich bisweilen im Stundentakt melden, bevorzugt am Wochenende, und dann doch feststellen, dass gut Ding eben Weile haben muss.

Wenn ich doch nur diesen einen Menüpunkt bei Hansi finden könnte, bei dem er Anrufe auch noch nach Wichtigkeit sortiert und selbst beantwortet! Dann könnte ich noch viel mehr Fälle lösen, mich noch öfter als Verhaltensdetektivin betätigen. So ein kleiner smarter elektronischer Helfer, der nie in Urlaub geht, krank wird oder mich mit seinen Launen nervt, das wär's! Aber ob ich dadurch weniger als oft 50 bis 60 Stunden in der Woche arbeiten würde, bezweifle ich trotzdem.

An jenem Morgen, als mich die Frau ans Telefon bekam, deren Katze ich zwar retten konnte, aber nicht sie selbst, saß ich an meinem Schreibtisch und blickte gerade auf das Foto meines verstorbenen Hundes Vitus, das ich noch auf meiner Homepage habe. Als es klingelte, hatte ich den Hörer gedankenverloren in die Hand genommen.

Die Stimme meiner Anruferin klang etwas atemlos, so als wäre sie kurz zuvor eine Treppe hinaufgelaufen und hätte meine Nummer im Verschnaufen gewählt.

Na gut, dann schalte jetzt mal auf Empfang um, befahl ich mir und riss mich aus wehmütigen Erinnerungen los. Aber ich hatte keine Lust, mit einer Unbekannten zu sprechen. Hier ging alles schön der Reihe nach.

»Ja, hier ist Doktor Werner. Guten Tag! Mit wem spreche ich denn bitte?« Meine klare Frage wurde jedoch überhört.

»Ach, das ist ja schön, ich dachte schon, ich müsste jetzt mit einer Tierarzthelferin quatschen!«

»Oh nein, da kann ich Sie ›beruhigen‹. Ich habe keine, wobei das sicher manches Mal nicht die schlechteste Idee wäre. Wie war noch gleich Ihr Name?«

»Herrmanns, Gudrun Herrmanns. Ich hab mal 'ne Frage zu meiner Katze.«

»Na, dann schießen Sie mal los, Frau Herrmanns. Wo drückt denn der Schuh, wie kann ich Ihnen helfen?«

»Meine Tinka ist faul. Also ..., so richtig faul, meine ich. Und die müsste eigentlich mal zum Tierarzt, zum Impfen vielleicht. Aber ich krieg die nicht in einen Transportkorb.«

Die Anruferin, die etwas gestresst klang, hatte sich aber schon eine Lösung für ihr Problem zurechtgelegt und verkündete nun triumphierend: »Und da dachte ich, Sie könnten doch bei mir vorbeikommen und sie impfen! Ich hab gelesen, dass Sie Hausbesuche machen.«

Irgendwie drängte sich mir der Verdacht auf, dass hier nicht nur die Katze zu bequem war, das Haus zu verlassen.

»Liebe Frau Herrmanns, ja, ich mache Hausbesuche, aber nur in speziellen Fällen. Ich impfe keine Katzen, kastriere sie nicht und behandele sie auch nicht bei organischen Problemen. Das macht Ihr Haustierarzt. Ich habe mich auf Verhaltensmedizin und Verhaltenstherapie spezialisiert und arbeite mit vielen niedergelassenen Kollegen zusammen, aber wenn ich selbst nebenbei noch impfen würde, bekäme ich sicher bald keine Überweisungen mehr.«

»Aha«, die Anruferin klang enttäuscht. Aber so leicht ließ sie sich nicht vergraulen.

»Na ja ...«, wandte sie nun ein, »also, ähm ...«, erneutes Zögern, »es ist so, Frau Doktor ...«, jetzt nahm sie einen neuen Anlauf: »Es ist so, dass mein früherer Haustierarzt keine Hausbesuche mehr macht, und nun weiß ich nicht so genau, was ich machen soll.« Sie klang jetzt etwas verzagt.

Geduld ist die Mutter der Transportkiste, dachte ich und sagte laut: »Ich kann Ihnen gern zeigen, wie Sie mit einem gezielten Training Ihre Katze behutsam daran gewöhnen, angstfrei in einen Transportkorb zu steigen und sich darin auch noch wohlzufühlen, wenn dieser hochgehoben und getragen wird. Das ist alles machbar. Dann können Sie Ihre Tinka bald wieder zum Tierarzt bringen. Was halten Sie davon?«

Leider zündete mein Vorschlag nicht so recht.

»Na ja, ich weiß nicht. So eine Katze ist ja auch schwer … und ein Transportkorb wiegt ja auch noch etwas. Das ist dann ja schon schwierig …«

Jetzt wurde es mir aber langsam zu bunt. »Liebe Frau Herrmanns, Sie wollen ja keine Großkatze transportieren, oder?«

Einen kurzen Moment lang war es still in der Leitung. Dann kam ein zögerliches »Wir könnten ja mal einen Termin für einen Hausbesuch vereinbaren, und dann zeigen Sie mir mal, wie das so geht mit dem Transportkorb.«

Na also! Und mal ein etwas anderer Termin, dachte ich. Kein großes Verhaltensproblem. Drei bis vier Wochen Training – und jede Katze liebt ihren Transportkorb. Wenn das Tier über Futter gut zu motivieren ist, klappt das eigentlich immer.

»Frisst Tinka denn gerne?«

»Oh ja, Sie frisst sehr gerne!«

Die Betonung lag auf dem »sehr«. In diesem Moment hätte mir vielleicht schon der Verdacht kommen können, dass es hier nicht nur um die Abneigung vor dem Transport ging, bei dem Nachdruck, den Frau Herrmanns in ihre Antwort gelegt hatte.

»Sie müssen auch gar keine Treppen steigen, ich wohne im Erdgeschoss«, hatte sie mir noch mit auf den Weg gegeben. Ich konnte sie aber beruhigen, dass mir Treppensteigen gar nichts ausmacht. Das fiel mir wieder ein, als ich eine Woche später in Reinickendorf aus meinem Praxismobil stieg und das Mehrfamilienhaus betrachtete, in dem meine Klientin mit ihrem schnurrenden Faultier wohnte.

Sie ließ mich lange an der Tür warten, gefühlte zehn Minuten. Ich hatte schon dreimal geklingelt. Als die Tür schließlich aufging, ließ ich mir nichts anmerken: Vor mir stand eine völlig verschwitzte, schnaufende Frau mit geschätzt 140 Kilo Lebendmasse. Der Gang zur Tür hatte sie angestrengt, sie hatte einen leicht gequälten Gesichtsausdruck. Sie schien sich aber über meinen Besuch zu freuen, lächelte mich an.

»Schön, dass Sie da sind, Frau Doktor, ich habe gestern noch mal die Karten gelegt, und die haben mir gesagt, dass Sie meiner Tinka helfen werden. Kommen Sie doch rein! Ich geh mal vor.«

Ich konnte meine Klientin von hinten betrachten, während sie vor mir her durch den Flur watschelte. Oje, dachte ich für mich. Wie anstrengend es sein muss, wohl mehr als das Doppelte des Normalgewichts mit sich herumzutragen. Der weite bunte Kaftan betonte die Leibesfülle mehr, als dass er sie kaschierte. Dazu trug Frau Herrmanns Leggins, ihre Füße steckten in ausgetretenen Gesundheitslatschen.

Ich spürte Mitleid und war gleichzeitig abgestoßen vom Anblick dieser Frau. Wie kann es so weit kommen, dass sich jemand derart aufgibt? Aber ich war ja wegen Tinka hier, rief ich mich zur Ordnung, von der im Übrigen noch nichts zu sehen war.

Das erstaunte mich allerdings nicht weiter. Die wenigsten Katzen laufen mir bei Hausbesuchen gleich offen und fröhlich entgegen, denn genau solche Charaktere gehören ja nicht zu meiner Zielgruppe. Das waren eher die unsicheren Typen mit Problemen wie Angst- oder Zwangsstörungen oder auch Aggressionsverhalten. Also erwarte ich auch keine Katze, die mir zur Begrüßung nett um die Beine streicht.

Wir gingen in die Küche. Ich fragte, ob ich meine Unterlagen auf dem Küchentisch ablegen könnte und ob wir uns hier unterhalten wollten. Frau Herrmanns nickte und ließ sich vorsichtig und dabei ächzend auf einem Küchenstuhl nieder. Ich hatte schon Sorge, ob dieser ihr Gewicht halten würde, denn er wackelte bedenklich. Ich beugte mich über meine Unterlagen und stellte fest, dass die, wie es sonst gar nicht meine Art ist, eher homöopathischer Natur waren. Am Telefon hatte ich mir nur wenig über Tinka notiert – eigentlich wusste ich nichts.

»Wo versteckt sich Tinka denn bevorzugt, wenn es klingelt?«

»Da oben.« Sie deutete auf einen Eckschrank, aber ich verstand nicht.

»Wo meinen Sie?«

»Na, da oben auf dem Küchenschrank.«

Die weiße Einbauküche hatte umlaufende Oberschränke und einen durchgehenden Eckschrank, der wohl eine Kühlgefrierkombination enthielt. Ich erkannte von unten etwas schwarzes Großes. Links daneben konnte ich ein Katzenklo ausmachen. Ich staunte nicht schlecht. Ein Katzenklo in über zwei Metern Höhe! Und da waren noch drei Futternäpfe, nein, vier! Etwas entfernt von der Schrankkante, zur Wand hin, entdeckte ich noch einen Napf – vielleicht für Wasser? Erst jetzt bemerkte ich auch die stabile Aluleiter, die am Schrank lehnte.

»Frau Herrmanns, was haben Sie denn da oben alles auf Ihrem Küchenschrank? Und wieso steht da ein Katzenklo? Wie umständlich ist das denn? Da müssen Sie ja immer hoch-klettern, wenn Sie es sauber machen wollen!«

Und das bei ihrem Übergewicht, musste ich unwillkür-lich denken. Wenn da eine Stufe abbricht. Nicht auszuden-ken, was alles passieren könnte, und vielleicht gerade in dem Moment, wenn sie mit Tinkas Hinterlassenschaften in der Hand die Stufen wieder herunterkam... Meine Fantasie schlug Purzelbäume.

Dass Tinka ein leicht lösbarer Fall sein würde, hatte ich inzwischen abgehakt.

»Denken Sie, dass sich Tinka in der nächsten Stunde da heruntertrauen wird?«

Frau Herrmanns fand es nun an der Zeit, mir reinen Wein einzuschenken: »Frau Doktor, Tinka ist da seit mehr als vier Jahren nicht mehr heruntergekommen.«

Ich dachte im ersten Moment an einen Scherz.

»Sehr witzig! Holen Sie doch mal ein Spielzeug oder ein paar Leckerlis, dann locken wir sie herunter.«

»Frau Doktor Werner, verstehen Sie doch! Tinka hat den Schrank da oben seit vier Jahren nicht mehr verlassen!«

Ich schaute Frau Herrmanns ungläubig an. Sie nickte

heftig mit dem Kopf, sodass mir allmählich dämmerte: Sie meinte das tatsächlich ernst.

»Wie jetzt? Tinka LEBT da oben? Seit vier Jahren?«

»Ja«, war die kurze und knappe Antwort.

»Ähm, kann ich mir mal die Leiter nehmen und mir Tinka da oben anschauen?«

»Ja, machen Sie nur, die tut nix. Die döst immer nur vor sich hin.«

Trotz dieser Zusicherung war mir etwas mulmig. Dort oben lag etwas großes Schwarzes, und es bewegte sich nicht. »Es« hatte den Kopf zur Wand gedreht.

Stufe für Stufe stieg ich die Leiter hoch und hielt mir dabei schützend einen Arm vors Gesicht. Als ich auf einer Höhe mit der schwarzen Fellmasse war, konnte ich es kaum fassen. Noch nie in all meinen Berufsjahren hatte ich eine dermaßen fette Katze gesehen. Ich schätzte sie auf 15 Kilogramm! Zum Vergleich: Eine gesunde ausgewachsene Hauskatze hat durchschnittlich nicht mehr als fünf Kilogramm Körpergewicht.

Mit der einen Hand hielt ich mich an der Leiter fest, mit der anderen am Schrank. Dies war definitiv ein Fall für den Tierschutz. Vorsichtig drehte ich mich zur Seite und schaute auf meine Klientin herab.

»Frau Herrmanns, wie konnte das passieren?«

Doch schon, als ich die Frage ausgesprochen hatte, dachte ich: Eigentlich ziemlich dämlich, ausgerechnet dieser Frau so eine Frage zu stellen, wo sie doch augenscheinlich ein riesengroßes Problem mit ihrem eigenen Gewicht hat!

Was für ein Elend, ich war erschüttert. Ich kletterte die Leiter hinunter und setzte mich wieder zu ihr an den Küchentisch.

Und das war ihre Geschichte: Frau Herrmanns hatte sich immer mehr von ihrer Umwelt zurückgezogen, nachdem ihr Mann vor fünf Jahren unerwartet verstorben war. Sein Tod hatte sie völlig aus der Bahn geworfen. Nach und nach brach sie den Kontakt zu Freunden und den wenigen Verwandten, die sie hatte, ab. Ihre Trauer und Einsamkeit hatten dazu geführt, dass sie immer mehr in sich hineinstopfte. Und Tinka machte sie dabei zu ihrer Verbündeten.

»Ja, Frau Doktor, ich geb's ja zu, Tinka und ich essen eigentlich den ganzen Tag über. Wir essen und essen – und dann schlafen wir. Ich guck in die Glotze oder löse ein Kreuzworträtsel, aber dann muss ich auch schon wieder was zu futtern haben. Manchmal gehe ich noch selbst mit dem Trolley einkaufen, bei uns um die Ecke im Supermarkt, aber das Laufen fällt mir immer schwerer. Meistens lasse ich mir die Sachen liefern. Sonst würde ich auch gar nicht diese 10-Kilo-Säcke mit Katzenstreu hierherkriegen. Ich bestelle mir auch oft was beim Pizzaservice oder so.«

Eine Doppelpraxis, schoss es mir durch den Kopf! Ich muss diese Doppelpraxis gründen, wo meine Klienten einen Psychiater oder Psychologen als Ansprechpartner haben – und ich kümmere mich um ihre Vierbeiner.

Dann passierte etwas, womit ich nicht gerechnet hatte. Frau Herrmanns erhob sich mühsam, stützte sich mit beiden Armen auf den Küchentisch und schaute mich eindringlich an.

»Nehmen Sie diese Katze mit, Frau Doktor! Bitte nehmen Sie sie mit! Ich kann ihren Anblick nicht mehr ertragen.«

Sie wischte sich ein paar Schweißtropfen von der Stirn, und ihre Stimme bekam einen scharfen Ton.

»Ich hasse diese Katze. Jedes Mal, wenn ich zu ihr rauf-klettern muss, habe ich Angst, ich verliere das Gleichgewicht. Ich dachte, sie würde irgendwann sterben, wenn sie fett ge-nug ist, so wie ich hoffentlich sterben werde ... an Diabetes, an einem Schlaganfall oder sonst was. Aber dieses Viech da oben auf meinem Schrank, das wird mich noch überleben. Nehmen Sie sie mit, bitte!«

Frau Herrmanns fing an zu weinen.

Sie setzte sich wieder hin und beruhigte sich nach einiger Zeit. In ihrer Not hatte sie mich ins Vertrauen gezogen, und ja, ich wollte ihr und vor allem Tinka helfen! Wir redeten und redeten und überlegten gemeinsam, was zu tun sei. Noch in der Küche telefonierte ich mit einer alten Bekannten, die in der Vergangenheit schon öfter Notfälle übernommen hatte. Durch sie und ihren Mann, einen Tierpfleger, waren Katzen wieder gesund gepflegt und dann weitervermittelt worden. Wir hatten Glück, sie war zu Hause, und ich konnte ihr Tinkas Problem schildern.

Eine Woche später zog Tinka aus ihrer Mastanlage aus. Ich war mit Verstärkung angerückt, um sie aus ihrem Hoch-sicherheitsgefängnis zu befreien. Wir legten sie auf die Waage: Tinka brachte sage und schreibe 15,7 Kilogramm auf die Waage! Es dauerte über zweieinhalb Jahre, bis sie ein nor-males Gewicht von 6,4 Kilogramm erreicht hatte.

Wie ich später erfuhr, starb Frau Herrmanns ein Viertel-jahr nach meinem Hausbesuch an den Folgen eines Schlag-anfalls.

## 3. Die Spieluhr am Babybettchen

*»Entgangene Anrufe: 10«,* zeigte Hansis Display an – die Bilanz des vergangenen Wochenendes. Bis zur Nummer sieben hatte ich schon abgehört. Die achte Anruferin hatte es am Samstag um 14.07 Uhr probiert:

»Guten Tag, Frau Doktor Werner, Sie wurden uns als erfahrene Spezialistin empfohlen. Wirklich sehr schade, dass wir Sie jetzt nicht erreichen …! Es ist schon sehr dringend bei uns (*tiefes Einatmen*)! Na gut, wir freuen uns dann über einen Rückruf am Montagmorgen (*mit großem Nachdruck*)! Montag, zwischen halb acht und acht. Da sind wir noch zu Hause.«

Vorstellungen haben die Leute! Haben Tierärzte vielleicht auch ein Recht auf ein freies Wochenende? Da sitze ich doch nicht im Büro! Das erledigt dann Hansi, mein elektronischer Assistent, für mich. Aber so erlebe ich das häufig. Viele Menschen, die ein Problem mit ihrer Katze oder ihrem Hund haben, erwarten, dass ich sofort, ratzfatz, bei ihnen auf der Matte stehe; am liebsten schon vorgestern. Dabei sage ich immer wieder: Ein Verhaltensproblem kommt nicht über Nacht, so wie eine Grippe oder eine Magenverstimmung. Das hat sich über eine längere Zeit aufgebaut, und man braucht Geduld und Zeit, um es wieder abzubauen. Okay, es gibt ein paar wenige Ausnahmen, und wenn ich einen wirklich dringenden Fall hereinbekomme, reagiere ich auch sofort und verschiebe dafür andere Termine.

Jetzt war es Montagmorgen, halb zehn. Den Wunschtermin der Anruferin hatte ich nun auch noch versäumt, Schande über mich! Aber ich fange morgens immer erst gegen zehn Uhr an. Dafür arbeite ich abends länger, wenn andere Leute längst im Feierabend sind, weil viele meiner berufstätigen Klienten nur abends Zeit haben. Als Freiberuflerin muss ich mich darauf einstellen, und so bin ich oft genug nicht vor 21 oder 22 Uhr zu Hause. Aber das stört mich nicht weiter.

Ich war beim zweiten Kaffee angelangt und hatte die Mailanfragen schon bearbeitet. Noch drei Anrufe, dann wäre meine Rückrufliste komplett.

Meiner Bitte-am-Montagmorgen-zwischen-halb-acht-und-acht!-Anruferin hinterließ ich die Nachricht, dass sie es heute Abend zwischen halb zehn und zehn noch mal probieren könnte. Und tatsächlich kamen wir noch am gleichen Tag ins Gespräch.

»Ach, wie schön, dass ich Sie endlich erreiche, Frau Doktor Werner!« *(Hallo, war es vielleicht gerade Montagabend? Eine Woche zuvor hatte die Anruferin wahrscheinlich noch gar nicht gewusst, dass ich existiere ... Sei's drum!)*

»Mit wem spreche ich bitte, und worum geht es?«

»Hier ist Frau Jurtschik, ich hatte doch schon am Samstag versucht, Sie zu erreichen. Mein Mann und ich haben ein ernstes Problem ...«

Ich konnte hören, wie meine Anruferin Luft holte, zögernd sprach sie weiter: »Unsere Laura-Marie macht ins Bett, und das, obwohl sie schon fast fünf ist… Das ist doch nicht normal!«, empörte sie sich dann.

Moment mal, hier musste ein Missverständnis vorliegen! Aber ich bekam vorerst keine Gelegenheit, dieses aufzuklären.

»Das war nicht immer so, aber Laura-Marie hat sich schon vor Längerem zur Bettnässerin entwickelt. Wir wissen nicht, woran es liegt. Wir haben uns viele Gedanken gemacht, das können Sie mir glauben. Und etliches ausprobiert, um ihr das abzugewöhnen. Wir haben Bücher zum Thema gelesen, im Internet recherchiert – alles ohne Erfolg! Wir sind völlig ratlos, alleine kriegen wir das nicht hin!« Kurze Atempause, dann: »Wir leiden sehr darunter, mein Mann und ich. Unsere Laura-Marie, glaube ich, auch …«

Die Stimme klang warmherzig, diese Mutter liebte ihre Laura-Marie, das war eindeutig. Aber da schwangen auch Frust und Stress mit.

»Ich habe manchmal Weinkrämpfe, das überkommt mich dann einfach. Und ich bin auch sehr geruchsempfindlich geworden, wo ich es doch immer gern sauber und ordentlich habe. Das ist doch verständlich, oder?«

»Ja, ja, liebe Frau Jurtschik, das schon. Aber ich bin Tierärztin! Keine Kinderärztin oder Kinderpsychologin. Sicher verwechseln Sie mich. Da haben Sie sich schon letzten Samstag verwählt.«

Geduldig hatte ich mir bis hierhin alles angehört, aber für

dieses Anliegen war ich eindeutig nicht zuständig. Doch das sah meine Anruferin anders.

»Nein, nein, Frau Doktor Werner. Das hat schon alles seine Richtigkeit! Sie wurden uns ja extra empfohlen für unsere Kleine!«

Geduldig wiederholte ich: »Aber ich behandele keine Kinder! Ich bin Tierärztin mit dem Schwerpunkt Verhaltenstherapie für Hunde und Katzen.«

»Aber ja, genau deshalb rufe ich doch an, Frau Doktor. Es geht um unsere Katze.«

»Aha?«, antwortete ich überrascht. Aber schon im nächsten Augenblick fiel mir ein, wie viele Katzenhalter mir schon früher immer gesagt – oder eher anvertraut – hatten, ihre Katze sei ihr Kindersatz. Heutzutage heißt es ganz offen: »Nein, meine Katze ist nicht mein Kindersatz! Sie *ist* mein Kind!«

Für mich würde es prinzipiell schon einen Unterschied machen, ob es um mein Kind oder mein Haustier geht, aber ich hatte mich darauf eingestellt, dass etliche Tierhalter dies anders sahen, und fand ihre Haltung inzwischen akzeptabel. Schließlich können Tiere unser Bedürfnis nach Nähe und Geborgenheit fast ebenso gut erfüllen wie Menschen. Mir ist nur wichtig, dass die Tiere dabei nicht zu kurz kommen und dass auch auf ihre Bedürfnisse geachtet wird.

Aber genau daran hapert es eben manchmal. Bisweilen so sehr, dass die Tiere starke Verhaltensauffälligkeiten entwickeln und damit sich und ihren Besitzern das Leben schwer machen. An diesem Punkt komme ich dann ins Spiel und versuche, die Balance wiederherzustellen.

Laura-Marie war also eine Katze mit einem Sauberkeits-
problem, und ihre Halter hatten lange Geduld bewiesen.
Dafür fühlte ich mich allerdings zuständig. Ich war mir
sicher, dass wir dem Problem gemeinsam auf den Grund
kommen würden, und erklärte Gisela Jurtschik das weitere
Vorgehen.

Sie sollte mir zwei längere Fragebogen ausfüllen, die ich
zur Vorbereitung auf den Hausbesuch benötigte. Bei dem
einen handelte es sich um den allgemeinen Anamnesebogen
zu den Eckdaten: Alter und Abstammung der Katze, bisherige Lebensgeschichte, Umfeld und Gesundheitszustand;
das andere Formular war ein spezieller Fragebogen zur Unsauberkeit. Dann nannte ich mein Honorar und bat sie,
dieses am Ende des Hausbesuches in bar bereitzuhalten. Wir
vereinbarten einen Termin für den Dienstagabend der folgenden Woche.

Der Dienstag kam. Termin um Termin hatte sich an diesem Tag aneinandergereiht, und nun war ich sehr in Eile, um
auch noch rechtzeitig zu Herrn und Frau Jurtschik zu kommen. Ich lief zu meinem Praxismobil. Auf dem Weg dahin
erwischte ich unseren Nachbarskater Gustav dabei, wie er
gerade einen satten Strahl Urin gegen den vorderen linken
Autoreifen spritzte. »Ach, Gustav! Warum markierst du denn
gerade hier dein Revier?«, fragte ich ihn aufmüpfig.

Gustav gab seine Antwort auf Katzenart. Er holte eine
soeben erjagte Maus, strich um meine Beine und legte sie
freudig miauend auf meinem rechten Schuh ab.

Ich verstand sofort. Und, mal ehrlich, hätte ich als Katze

eine so prächtige Beute gemacht – natürlich hätte ich dann auch allen anderen mitteilen wollen, wo die Grenzen meines Reviers verlaufen! Genau das hatte Gustav nämlich getan. Er hatte ein deutliches Zeichen gesetzt: bis hierhin und nicht weiter! Wie hätte ich ihm deshalb böse sein können! Ich streichelte ihn also anerkennend und dankte ihm so auch für sein Geschenk. Zufrieden schnurrend, verschwand er auf dem Nachbargrundstück. Die tote Maus entsorgte ich kurz und zackig im Straßengraben, dann fuhr ich los.

Wenn es den Prototyp eines glücklichen Katers gibt, dachte ich bei mir, dann ist es mit Sicherheit unser aller Gustav. Gustav stattete allen Häusern in unserer Straße regelmäßig Besuch ab, auch um dadurch seinen Speiseplan aufzupeppen.

Durch dieses kleine Intermezzo kam ich ein bisschen zu spät. Gisela Jurtschik und ihr Mann erwarteten mich schon sehnlichst. »Hallo, Frau Doktor, hier oben, dritter Stock, Sie können aber den Aufzug nehmen«, schallte eine Männerstimme vom Balkon, als ich gerade noch dabei war, die Autotür zu schließen. Das musste Herr Jurtschik sein.

Ich ging auf das Haus zu und drückte die Tür auf. Oben angekommen, wurde ich von einem vollschlanken Mann mit Brille und beginnender Glatze herzlich begrüßt. Herr Jurtschik lächelte mich an, gab mir die Hand und bat mich höflich herein. Seine Frau kam vom Ende des Flurs auf uns zu. Wir machten uns ebenfalls bekannt. Ich schätzte beide auf Mitte fünfzig. Ein nettes älteres Ehepaar, das, wie ich erfuhr, schon mehr als zwei Jahrzehnte in diesem gepflegten Haus mit sechs Mietparteien lebte.

Ich entschuldigte mich für mein Zuspätkommen und berichtete von Gustav beziehungsweise davon, wie und womit mich der Kater aufgehalten hatte. Leider kam meine kleine Anekdote nicht so gut an, wie ich dachte.

»Das ist aber ganz schön *eklig*!«, befanden meine Klienten.

Wie wenig manche Katzenhalter doch das wahre Wesen ihrer Haustiere kennen, die Katze ist nun mal ein Jäger!, schoss es mir durch den Kopf, doch das behielt ich für mich.

Beide Jurtschiks wirkten etwas angespannt. Das ist anfangs oft so. Ein Hausbesuch von der Tierärztin ist für viele eine ungewohnte Situation und mit großen Erwartungen verbunden. Und bevor man jemanden in seine Privatsphäre lässt, selbst wenn eine Expertin wie ich kommt, hat man schon vieles andere probiert – die ganze Leidensgeschichte steht einem vor Augen. Ich lasse mich davon aber nicht irritieren. Mit ein paar lockeren Bemerkungen gelingt es mir in der Regel schnell, die Situation zu entkrampfen.

Das Ehepaar bat mich in ein großzügiges, helles Esszimmer, das sehr ordentlich und aufgeräumt wirkte. Kaffee, Tee und Wasser standen schon bereit, ich bekam belegte Brötchen angeboten. Ich lehnte dankend ab und holte stattdessen meine Unterlagen aus der Tasche. Ich weiß Gastfreundlichkeit zu schätzen, aber wenn ich im Arbeitsmodus bin, mag ich nicht essen. Dann bin ich hoch konzentriert und »voll auf Empfang« für den aktuellen Fall.

Als Erstes wollte ich gern wissen, ob die Wohnung generell so aufgeräumt war.

»Aber selbstverständlich!«, war die Antwort der Jurtschiks.

»Schade! Katzen fühlen sich in übersichtlichen und aufgeräumten Wohnungen nicht so wohl. Sie lieben Durcheinander und unaufgeräumte Zimmer. Wissen Sie, gerade unsere Hauskatzen brauchen Verstecke und eine abwechslungsreiche Umgebung. Sie wollen immer etwas Neues zum Spielen vorfinden. Verstehen Sie mich nicht falsch, das heißt nicht, dass Katzenwohnungen schmutzig sein sollten. Im Gegenteil! Katzen sind sehr reinliche Tiere. Aber ihr Umfeld sollte genügend Anreize für kleine Abenteuer bieten. Draußen in der Natur hätte jede Katze ein eigenes Revier, in dem sie bestehen muss. Ein bisschen Aufregung sollten wir ihr auch in der häuslichen Umgebung gönnen!«

Frau Jurtschik sah mit jedem Moment unglücklicher aus. Erst kam ich zu spät, weil Kater Gustav mich mit einer ekligen Maus aufgehalten hatte, dann lehnte ich die Einladung zum Abendbrot ab, und schließlich kritisierte ich auch noch ihre penibel aufgeräumte Wohnung.

Aber da konnte ich ihr leider nicht helfen. Sie hatte mich schließlich nicht engagiert, damit ich mich bei ihr beliebt machte, sondern um ihr und ihrem Mann bei dem Problem mit ihrer Katze behilflich zu sein.

Wir machten die übliche ausführliche Wohnungsbegehung. Und obwohl es sehr aufgeräumt war bei den Jurtschiks, boten sie ihrer Laura-Marie eine Menge. Es gab viele Versteckmöglichkeiten in der Höhe und auch auf dem Fußboden, mehrere Catwalks im Flur und weitere im Arbeitszimmer; dazu einen großen Obstbaumstamm. Über diesen konnte Laura-Marie zu einem Hängeboden gelangen, der ihr einen guten Schlafplatz bot. Außerdem entdeckte ich jede Menge »legale« Kratzmarkierstellen, die Laura-Marie, deutlich sichtbar, auch benutzte. Sie hatte, so wie es sein soll, zwei große offene Katzentoiletten mit genügend Streu.

»Das ist alles bestens!«, lobte ich und machte mir Notizen.

Dann gingen wir auf das letzte Zimmer hinten im Flur zu. Die Tür stand offen, also betrat ich den Raum ohne Zögern, denn darum geht es ja bei der Wohnungsbegehung, dass ich mir ein vollständiges Bild machen kann. Nun sah ich ein komplett eingerichtetes Kinderzimmer vor mir. Ich fragte vergnügt: »Oh, wie hübsch! Wer wohnt denn hier? Haben Sie eine kleine Enkeltochter?«

Damit war ich aber offensichtlich mitten ins Fettnäpfchen getreten. Frau Jurtschik drehte sich von mir weg, ihre Schultern begannen zu zucken. Sie weinte und hörte so bald auch nicht wieder auf. Ich war verunsichert, blickte fragend zu ihrem Mann. Der hatte seine Frau in die Arme genommen und schaute mich etwas hilflos an.

»Wir sind ein kinderloses Ehepaar, leider! Wissen Sie, als wir Anfang dreißig waren, wollten wir eine eigene Familie gründen. Doch es hat nicht geklappt. Insgesamt acht Mal haben wir es mit künstlicher Befruchtung versucht! Wir haben dafür viel Geld ausgegeben. Irgendwann haben wir aufgegeben. Die Belastung wurde zu groß, vor allem für meine Frau.« Dabei streichelte Herr Jurtschik seiner Frau beruhigend über den Rücken.

»Danach haben wir uns noch lange bemüht, ein Kind zu adoptieren. Aber meine Frau ist darüber krank geworden; sie bekam schwere Depressionen und hatte Phasen mit Selbstmordgedanken. Dabei war sie fest davon überzeugt, dass ihre Depressionen aufhören würden, wenn man uns ein Kind geben würde. Ich glaube, das wäre auch so gewesen. Die Mitarbeiter vom Jugendamt meinten aber, dass es für ein Kind ungesund sei, wenn ihm solch eine Erwartung aufgebürdet würde.«

Ich hatte den Eindruck, dass er erleichtert war, endlich einmal sein Herz ausschütten zu können. Wie oft werde ich für die liebe Kreatur engagiert, und letztendlich bin ich dann auch diejenige, der Herrchen und Frauchen ihren eigenen Kummer anvertrauen. Ich schüttelte diese Gedanken schnell ab und hörte weiter zu.

»Also absolvierte meine Frau diverse Therapien, um gesund zu werden. Und auch, um die Zeit zu überbrücken, denn so ein Adoptionsverfahren dauert ja lange. Aber es hat dann doch nicht geklappt. Es sollte wohl einfach nicht sein. Dabei hatten wir uns so sehr ein kleines Töchterchen gewünscht! Wir hätten sie Laura-Marie genannt.«

Die beiden taten mir leid. Ich versuchte mir vorzustellen, was sie durchgemacht hatten. Die vielen Jahre zwischen Hoffnung und Enttäuschung, mit immer neuen Anläufen, die immer wieder fehlschlugen – nur um am Ende doch aufgeben zu müssen. Mein Blick fiel erneut auf die Zimmertür, und ich bemerkte dabei auf Augenhöhe den Schriftzug *Laura-Marie*, der mit bunten Holzbuchstaben in einem dekorativen Halbbogen aufgeklebt war.

Das Zimmer war komplett ausgestattet: Babybettchen mit Himmel und Spieluhr, Wickelkommode, Babyspieldecke, Krabbeldecke mit Spielbogen, Babywippe und haufenweise Kuscheltiere, alles in Rosa und Weiß gehalten. Auf der Wickelkommode lagen, ordentlich sortiert, Strampler, Erstlingssocken und Mützchen. Unter dem Fenster stand ein weiteres, schneeweißes Katzenklo. Auf der Fensterbank entdeckte ich Katzenmilch in 200-ml-Verpackungen. Langsam schwante mir etwas …

Und so war es auch. Gisela Jurtschik, die sich allmählich wieder gefangen hatte, erklärte mir stolz: »Das ist Laura-Maries Kinderzimmer. Hier spielt sie gern, auf der Krabbeldecke mit dem Spielbogen und mit den anderen Sachen. Das bunte Spielzeug hat bestimmt ihre Gehirnentwicklung angeregt. Wir bieten ihr hier doch alles!« Sie drehte sich einmal um die eigene Achse. »Aber ausgerechnet hier wird sie nachts zum Bettnässer.«

»Dies ist also ein Zimmer, in dem Laura-Marie ihr Katzenklo nicht benutzt«, stellte ich trocken fest und hakte gleich nach. »Wo genau setzt sie denn Harn ab?«

»Hier in ihrem Bettchen finden wir morgens die Pfützen. Und meist noch am Babypuder oder auf den Stramplern dort.« Die Katzenmama deutete auf die betreffenden Stellen.

»Wie, morgens?« Das wollte ich nun doch genauer wissen. »Hat sie denn hier ihren Schlafplatz?«

»Schauen Sie, Frau Doktor, ich schneide immer den unteren Teil von den Strampelanzügen ab. Laura-Marie könnte also auch nachts ohne Probleme auf die Toilette gehen.« Gisela Jurtschik breitete vorwurfsvoll die Arme aus.

»Moment! Sie trägt nachts einen Strampler?!« Ich musste mich bemühen, meine Stimme zu kontrollieren und sachlich zu bleiben.

»Ja, das will ich Ihnen doch gerade erklären!«, wurde ich zurechtgewiesen. »Also, wir haben ganz feste Zeiten, weil wir denken, dass Rituale wichtig sind. Um 20.30 Uhr bekommt sie ihren Strampler an, dann mache ich die Katzenmilch im Fläschchen ein wenig warm. Mein Mann legt unsere Kleine ins Bettchen und stellt ihr noch die Spieluhr an. *Der Mond ist aufgegangen* hört sie am liebsten.«

Das wiederum war mir nun wirklich sympathisch, wo doch Matthias Claudius mein Ururgroßonkel ist. Damit war die Kuschelzeremonie allerdings noch nicht beendet.

»Schließlich bekommt unsere Süße ihr Fläschchen, und wir summen sie gemeinsam in den Schlaf. Wir löschen dann das Licht und schleichen uns raus. Dann schließen wir leise die Tür.«

Ich konnte es kaum glauben.

»Am nächsten Morgen finden wir dann diese Pfützen im Bettchen. Alles ist zerwühlt und durcheinandergebracht. Sie ist so undankbar! Wir sind wirklich enttäuscht!«

Ich musste unwillkürlich schlucken. Und gleich darauf tauchte, wie so oft in solchen Momenten, ein Bild vor meinem inneren Auge auf: eine große, doppelflügelige Eingangstür, passend zu meiner Doppelpraxis. Gleich am Eingang würden zwei Schilder die Besucher in verschiedene Richtungen weisen: *Zweibeiner bitte nach rechts, zum Kollegen auf die Couch. Vierbeiner bitte nach links in den großen Garten, zum Mäusejagen mit Frau Doktor Werner.*

Einen Augenblick lang wusste ich nichts zu sagen. Wie konnte ich hier helfen? Laura-Marie war nicht undankbar, sondern sozial zutiefst verunsichert, und das aus mehreren Gründen. Eine Katze ist und bleibt nun mal eine Katze – mit all ihren natürlichen Bedürfnissen.

»Ich schlage vor, wir setzen uns wieder hin. Lassen Sie uns doch an den Wohnzimmertisch zurückgehen. Das wird jetzt eine etwas längere Sache.« Herr Jurtschik ging voran. Wir nahmen Platz, und ich sah in zwei erwartungsvolle Augenpaare. Ich begann nun ganz sachlich über die Unsauberkeit von Laura-Marie zu reden.

»Ja, das ist in der Tat sehr unschön. Aber glauben Sie mir, Sie dürfen Ihrer Katze keine Moral unterstellen. Sie ist nicht undankbar, sondern sozial zutiefst verunsichert, und das hat mehrere Gründe.«

Nun betonte ich jedes einzelne Wort.

»Sicher lieben Sie Ihre Katze beide sehr und meinen es gut mit ihr, aber keine Katze – und auch Laura-Marie bildet da keine Ausnahme – möchte einen Strampler tragen, schon gar keinen, der mit Babypuder bestäubt ist! Eine Katze ist eine Katze und bleibt eine Katze. Und als solche mag sie keine künstlichen Gerüche. Sie mag auch keine geschlossenen Zimmertüren. Als nachtaktives Tier will sie in ihrem Revier, auch wenn das nur die vertraute Wohnung ist, frei umherstreifen können.«

Frau Jurtschik wollte etwas einwenden, aber ich winkte ab.

»Katzen möchten sich außerdem ihre Schlafplätze selbst suchen und sie womöglich ein paarmal des Nachts wechseln. Die meisten Wohnungskatzen schlafen sowieso am liebsten im Bett bei ihren Menschen, weil sie sich dort warm und geborgen fühlen.«

Ich holte nochmals tief Luft.

»Ich will gar nicht lange um den heißen Brei reden. Liebe Jurtschiks, Sie behandeln Ihre Katze als wäre sie die Tochter, die Ihnen versagt blieb! Und das ist nicht in Ordnung. Laura-Marie ist eine Katze, die so leben möchte, wie ihre Instinkte es ihr vorgeben. Sie bieten ihr ein wirklich katzengerechtes Zuhause – tagsüber! Aber was Sie nachts von ihr erwarten, das kann keine Katze erfüllen! Es ist für mich ganz klar, dass daher ihre Unsauberkeit kommt.«

Erschrocken blickten die beiden mich an.

»Katzen markieren mit Urin nicht nur, um ihr Revier abzustecken, sondern auch, wenn sie sich unsicher fühlen. Schauen Sie doch mal, was hier Nacht für Nacht markiert wird: das Babybettchen und dann noch die Anziehsachen und der Babypuder auf der Wickelkommode.«

Nun war ich mit meiner Analyse zu Ende.

Beide weinten. Sie weinten um die Tochter, die sie nie haben durften. Und ja, sie taten mir leid.

»Jetzt kennen Sie die Gründe für die Unsauberkeit Ihrer Katze. Arbeiten wir daran!«, schlug ich meinen Klienten in versöhnlichem Ton vor. Die beiden waren völlig aufgelöst, das ging ans Eingemachte. Das Trauma vom unerfüllten Kinderwunsch saß tief. Und nun kam ich, die Tierexpertin, daher und sagte ihnen, dass sie noch nicht einmal ihre Katze als Kindersatz halten durften. Ja, das tat weh.

»Eigentlich brauchen Sie meinen Rat nicht mehr weiter, denn ich kann Ihnen in zwei Sätzen zusammenfassen, was Sie ändern müssen, damit Laura-Marie auch nachts ihre Katzentoiletten benutzt. Und vermutlich wissen Sie auch selbst, was zu tun ist, oder?«, sagte ich in sanftem Ton. »Ich denke, dass es hilfreich wäre, wenn Sie sich gemeinsam professionelle Hilfe als Paar suchen wegen Ihres verinnerlichten

Problems. Und was halten Sie davon, sich als Leihgroßeltern zu betätigen? Es ist nur so eine spontane Idee von mir. Aber es gibt viele Schlüsselkinder, die nach dem Hort oder der Schule allein zu Hause sind und sich eine Oma oder einen Opa wünschen. Wie das genau funktioniert, finden Sie sicher im Internet. Also, was halten Sie davon?«

Die beiden sahen mich erstaunt an. Davon hatten sie noch nie gehört. Sie wollten darüber nachdenken.

Einige Wochen später rief mich Eberhard Jurtschik an, er klang gelöst und fröhlich.

»Liebe Frau Doktor Werner, Ihr Besuch war sehr wichtig für uns – es hat sich viel getan.«

Er berichtete, dass seine Frau und er eine Paar-Gesprächstherapie begonnen hatten. »Vielleicht schaffen wir es gemeinsam, darüber hinwegzukommen, dass wir kinderlos sind.«

Er schilderte mir auch, wie sie Kontakt zu einer Agentur für Leihgroßeltern aufgenommen hatten. »Zuerst dachten wir ja, Sie machen einen Scherz. Aber nun gibt es da Clara in unserem Leben.«

Clara war drei Jahre alt, ihre Mutter Sabine hatte sie mit siebzehn bekommen und konnte Unterstützung gut gebrauchen. Sie wollte ihren Schulabschluss nachholen – und hier kamen die Jurtschiks ins Spiel. Sie unternahmen viel mit der Kleinen, und manchmal kam Clara auch schon mit zu ihnen nach Hause. Ihre Mutter war glücklich, dass das so gut klappte. Laura-Maries Kinderzimmer war zum Spielzimmer für Clara umgestaltet worden, das Babybettchen und die Wickelkommode hatten sie verschenkt.

»Wir sind allesamt sehr zufrieden mit der Situation«, schloss Eberhard Jurtschik seinen Bericht.

»Das hört sich ja wunderbar an. Und Sie tun auch noch etwas Gutes und helfen einer jungen Mutter. Großartig! Und wie nimmt es Ihre Laura-Marie auf?«

Dieses spannende Thema hatte er noch offengelassen.

»Ach ja, unsere Laura-Marie – da würden Sie staunen! Wir haben unsere Abendrituale aufgegeben. Das war ein richtiger Schritt. Aber nun kommt es: Wir haben für Laura-Marie einen Spielkameraden gefunden.«

Eine Bekannte von Claras Mutter hatte eine Katzenhaarallergie entwickelt. Nach sechs Jahren mit ihrem Kater Samson musste sie sich notgedrungen von ihm trennen und ein neues Zuhause für ihn finden. Samson und Laura-Marie verstanden sich recht schnell und vertrugen sich gut miteinander. So war Samson endgültig bei den Jurtschiks eingezogen. Clara liebte die beiden Katzen und kuschelte viel mit ihnen.

»Es gibt immer noch Tiefs, vor allem bei meiner Frau, aber ich denke, dass wir das hinkriegen.«

Ich freute mich sehr. Was für ein Happy End! Laura-Marie hatte eine Partnerkatze bekommen, benutzte auch nachts das Katzenklo und musste nicht mehr als Kindersatz herhalten. Die kleine Clara hatte liebevolle Leihgroßeltern, und dem Ehepaar Jurtschik ging es deutlich besser. Es war fast wie ein modernes Märchen. Vielleicht sollte ich meinen Plan mit der Doppelpraxis nun wirklich in die Tat umsetzen?

Nachdenklich kochte ich mir einen Kaffee und setzte mich in unserem schönen Garten in die Sonne. Aus dem Augenwinkel sah ich, wie etwas Schwarzes angeschlichen kam: Nachbars Gustav. Wieder ganz stolz mit einer toten Maus im Maul. Diesmal sprang er auf meinen Schoß, schmiegte sich inbrünstig schnurrend an mich und ließ sich kraulen. Wenige Minuten später verschwand er dann auf das angrenzende Feld. Die tote Maus ließ er auf meinem Schoß liegen.

Ich mochte Gustav! Er sorgte so gut für mich.

## 4. Die Ent-Täuschung besiegt die Täuschung

An diesem Morgen bestand meine erste Amtshandlung darin, den Kater unserer Nachbarn zu füttern. Diese waren nämlich für ein verlängertes Wochenende an die Ostsee verreist. Sie haben Glück mit dem Wetter, ging es mir durch den Kopf, während ich mich dem Nachbarhaus näherte. Ich freute mich auf Gustav, für den ich in solchen Fällen immer zuständig bin.

Ich konnte ihn schon durch die Haustür maunzen hören, und als ich die Tür aufschloss, strich er mir gleich um die Beine und miaute erwartungsvoll.

»Ja, ja, Gustav, heute gibt es ein Festmahl für dich!« Ich beugte mich zu ihm hinunter und kraulte ihn hinter den Ohren. Dann ging ich durch den Flur in die Küche und holte das Futter aus der Tasche. »Mmmh, frische Hühnerherzen. Das ist doch was für dich, du kleiner Feinschmecker! Na, komm mal her!« Das ließ Gustav sich natürlich nicht zweimal sagen.

Nachdem ich ihn versorgt hatte, ging ich wieder zurück und brühte mir in meiner Küche einen frischen Kaffee auf, mit dem ich mich dann an meine Arbeit begeben wollte. Montagmorgen, das heißt für mich immer, die Anfragen vom

Wochenende abzuarbeiten. Diesmal zuerst die Anrufe, dann die E-Mails, entschied ich. Mein Anrufbeantworter zeigte vierzehn Nachrichten an.

Ein durchschnittliches Gespräch bei einer Neuanfrage dauert etwa fünfzehn Minuten. Das wären dreieinhalb Stunden, nur für die Rückrufe, überschlug ich, ganz abgesehen vom Beantworten der E-Mails. Und ab Mittag hatte ich die ersten Termine außer Haus. Etliche Klienten würden sich also bis zum nächsten oder übernächsten Tag gedulden müssen.

Die übliche 40-Stunden-Woche kenne ich schon seit Jahren nicht mehr, aber zaubern kann auch ich nicht. Wobei ich es durchaus nachvollziehen kann, wenn manche Tierhalter ungeduldig sind. Wenn sie erst mal zu dem Punkt gekommen sind, an dem sie sich kompetente Hilfe ins Haus holen wollen, soll alles möglichst schnell gehen.

Das Schöne und Besondere an meiner Arbeit ist, ich kann helfen, die wahren Ursachen eines Problems zu finden, und erlebe in den allermeisten Fällen mit, wie sich zwischen Mensch und Tier wieder alles einrenkt. Deshalb bin ich immer wieder neugierig auf die nächsten Fälle.

Ich drückte also die Wiedergabetaste und lauschte der besorgt klingenden Stimme einer Frau: »Guten Tag, Frau Doktor Werner. Mein Name ist Frauke Erdmann, und ich habe ein Problem mit meiner Katze. Sie sitzt dauernd so depressiv in der Ecke herum. Sie bewegt sich ganz wenig und putzt sich viel. Und sie fordert häufig Futter ein. Bahati heißt sie, das ist Afrikanisch und bedeutet Glück. Sie ist ein Mischling aus einer Sphinx-Katze und einer ganz normalen Hauskatze.

Ich habe sie schon dem Tierarzt vorgestellt«, hier holte die Anruferin tief Luft – Hansi hatte auch ihren sorgenvollen Ausatmer festgehalten –, »aber der sagt, es sei so weit alles in Ordnung. Ist es aber nicht! Ich bin ganz ratlos. Können Sie sich Bahati nicht mal anschauen? Über einen Rückruf möglichst bald würde ich mich freuen.«

Wunderbar. Kurze knappe Infos auf den Punkt gebracht. Kein Geschwafel. Ein origineller Name für ihren Liebling. Kein Vorwurf, dass ich am Wochenende nicht erreichbar sei. Frauke Erdmann war mir schon jetzt sympathisch. Und ich war neugierig auf diese Katze.

Die Sphinx-Katze ist eine kanadische Nacktkatze, die das Gen der Haarlosigkeit rezessiv vererbt. Ich hatte bislang erst drei solcher Mischlinge gesehen, die aber allesamt Fell gehabt hatten. Seit einiger Zeit tobt vor den bundesdeutschen Gerichten der Streit darum, ob die Nacktkatzenzucht nicht als Qualzucht verboten werden sollte, denn man hat diesen Katzen neben dem wärmenden Fell auch die Schnurrbarthaare weggezüchtet, die ihnen bei der Orientierung und bei der Kommunikation helfen. Damit fehlt ihnen ein wichtiges Sinnesorgan; es wäre etwa so, als wenn ein Mensch nicht riechen oder tasten könnte.

Aber Bahati war ja ein Mix aus einer Nacktkatze und einer Hauskatze. Wie sie wohl aussah?

Ich rief Frau Erdmann zurück, die nach zweimaligem Klingeln abnahm.

»Guten Morgen, hier ist Doktor Werner von der Tierverhaltenspraxis. Sie hatten mich wegen Ihrer Katze angerufen«, stellte ich mich vor.

»Oh ja, danke, dass Sie sich melden!« Die Erleichterung auf der anderen Seite war deutlich zu hören.

Ich kam gleich zum Punkt: »Erzählen Sie mir mal bitte etwas von Ihrer Katze, wann hat denn diese depressive Stimmung bei Bahati begonnen, seit wann haben Sie sie und wie alt ist sie jetzt?«

»Meine Bahati ist jung, sie müsste jetzt eineinhalb Jahre alt sein, wobei, ich habe sie seit drei Monaten.« Frau Erdmann überlegte. »Eigentlich hat sie dieses Verhalten von Anfang an gezeigt. Ich wollte eine besondere Katze, deshalb habe ich sie mir ausgesucht.«

»Und wo haben Sie sie her?«

»Ich habe sie im Internet gefunden und mich sofort in sie verliebt! Die Züchterin hat mir dann angeboten, sie mir nach Hause zu bringen. Sie hätte sowieso in der Nähe zu tun und wollte auch das neue Zuhause begutachten. Das ist doch ein gutes Zeichen, oder?«

Na ja, wenn ich so etwas höre, werde ich immer gleich skeptisch. Ich rate immer dazu, sich das Zuhause der Züchter anzusehen. Es ist von ganz entscheidender Bedeutung, unter welchen Bedingungen ein Katzenjunges aufwächst. Man lebt ja viele Jahre mit dem Tier zusammen, das man sich da ins Haus holt. Jeder zukünftige Katzenbesitzer sollte sorgfältig auswählen. Von Impulskäufen halte ich gar nichts. Aber in diesem Fall war es genau das gewesen.

»Als ich Bahati zum ersten Mal gesehen habe, war ich tatsächlich etwas irritiert«, gestand meine Anruferin, »ich hatte mir eine Sphinx-Katze eigentlich anders vorgestellt, aber die

Züchterin hat mich beruhigt. Sie hat mir erklärt, dass es sehr viele Varianten gäbe, und bei Mischlingen seien die Unterschiede eben noch stärker. Die Fotos im Netz waren auch nicht so gut gewesen.«

»Darf ich fragen, was Sie für Bahati bezahlt haben?«

»1300 Euro.«

»1300 Euro! Das ist ja schon für eine Rassekatze sehr viel, aber für eine Mischlingskatze …?« Frau Erdmann merkte, wie skeptisch ich klang.

»Denken Sie, das war zu viel? Die Züchterin meinte, das sei ein üblicher Preis.«

Ich wollte das Thema nicht am Telefon vertiefen, obwohl 1300 Euro wirklich nach übler Abzocke klang. »Haben Sie die Züchterin denn noch mal auf Bahatis auffälliges Verhalten angesprochen?«

»Das wollte ich. Ich habe versucht, sie zu erreichen, aber ich muss die Nummer falsch notiert haben. Und im Internet habe ich sie danach auch nicht mehr gefunden.«

War Frau Erdmann wirklich so naiv? Meine Vermutung, dass sie einer Betrügerin auf den Leim gegangen war, verstärkte sich, aber um Sicherheit zu bekommen, musste ich die Katze sehen. Wir verabredeten uns für die Folgewoche, und ich notierte mir die Mailadresse, an die ich die Fragebogen schicken wollte. Spätestens zwei Tage vor Termin bräuchte ich diese ausgefüllt zurück, bat ich meine Anruferin.

Das ist für mich immer so etwas wie eine schriftliche Hausaufgabe, die ich meinen Klienten stelle. Wer sich zwei oder drei Stunden mit meinem Fragenkatalog beschäftigt, ist wirklich entschlossen, etwas für seinen Liebling zu tun.

Der Halter oder die Halterin soll in Ruhe über das Problemverhalten der Katze nachdenken, in Stichworten schildern, wann und wie es angefangen hat; auch ärztliche Vorbefunde frage ich ab. Damit ist die Gefahr geringer, dass beim Anamnesegespräch zu Hause etwas Wesentliches vergessen wird. Mitunter ist es eine kleine Notiz oder Nebenbemerkung, die mir auffällt, bei der ich bei meinem Hausbesuch ansetzen kann.

Frau Erdmann wohnte in Berlin-Schöneberg in einem Haus aus der Gründerzeit, das gerade eingerüstet wurde. Das schien dringend nötig, denn die Farbe blätterte an vielen Stellen ab, an den Balkonen fehlte hier und da etwas Mauerwerk. Am unteren Gerüstteil war ein Netz montiert, das Passanten vor herabfallenden Teilen schützen sollte. Ich wurde im fünften Stock erwartet, das Haus hatte keinen Aufzug.

Ich betrat ein typisches Berliner Mietshaus, mit dekorativen Jugendstilfliesen im Eingangsbereich, einem Seitenflügel und einem Durchgang zum Gartenhaus. Ich steuerte auf die Treppe im Vorderhaus zu und stieg auf ziemlich ausgetretenen Holzstufen hinauf, vorbei an hohen, dunkelrot gestrichenen Wohnungstüren mit ihren typischen aufwendig gedrechselten Holzverzierungen.

Ich mag dieses Altberliner Flair. Aber ein Leben mitten in der Stadt kann ich mir für mich und meinen Anhang nicht mehr vorstellen. Dafür liebe ich den Blick über die Felder und die Spaziergänge durch Wiesen und Wälder viel zu sehr.

Auf halber Strecke musste ich unwillkürlich daran denken, wie schwer Katzenstreu ist. Das war sicher anstrengend, die kiloschweren Säcke und auch andere Einkäufe hier hochzuschleppen. Da lobe ich mir doch unser überdachtes Carport in der Einfahrt, von wo aus ich mit ein paar Schritten im Haus bin.

Ich hatte den Treppenabsatz in der fünften Etage erreicht. Neben der linken Wohnungstür hing ein buntes handgefertigtes Klingelschild aus Salzteig. »Hier wohnen Frauke Erdmann und Glückskind Bahati.«

Na, dann wollen wir mal sehen, ob das Glück hier wieder einzieht, dachte ich und drückte den Klingelknopf.

Frauke Erdmann hatte ich mir ein bisschen anders vorgestellt, jünger und eher damenhaft. Als die Tür aufging, stand eine Frau Anfang vierzig vor mir, sie trug Jeans und ein Sweatshirt mit buntem Aufdruck. Auch wenn man nur die Stimme kennt, baut sich trotzdem eine bildliche Vorstellung der dazugehörigen Person auf. Ich erlebe da öfters Überraschungen. Hier lächelte mich ein rotblonder Lockenschopf freundlich an.

Ich wurde durch einen langen Flur geführt, von dem rechts und links mehrere Zimmer abgingen, hinein in ein großes Wohnzimmer mit Stuckdecke. Die Deckenhöhe schätzte ich auf über drei Meter fünfzig. Hier wäre viel Platz für hochgelegene Klettergänge und Ablageplätze gewesen, doch davon war nichts zu sehen – ein einzelner Kratzbaum mit zwei Etagen stand an der Balkontür.

Meine Gastgeberin hatte sich ihre Wohnung mit einem Mix aus Ikea-Möbeln und Antiquitäten eingerichtet. Ein alter Sekretär, ein Biedermeiersofa, ein paar alte Gemälde und dazwischen Billy-Regale und ein großer bunter Teppich, dessen skandinavisches Design mir ebenfalls bekannt vorkam. Eine charmante Mischung aus Alt und Neu.

Oben auf einem Bücherregal hockte Bahati. Wir setzten uns. Ich hatte den Kaffee ausgeschlagen, aber ein Glas Wasser akzeptiert.

»Können Sie Ihre Katze bitte mal vom Regal herunterlocken, Frau Erdmann? Ich möchte sie mir anschauen, bevor ich Sie dann mit meinen Fragen löchere«, versuchte ich, die Situation zu entspannen.

Das gelang sofort. Bahati war zugänglich und wohl auch ein wenig neugierig auf den Besuch. Sie sprang auf den Sekretär und landete mit einem eleganten Satz auf dem Parkett, wo sie sich erst mal genüsslich dehnte. Sie ließ sich von ihrem Frauchen problemlos hochnehmen und wurde mir direkt vor die Nase gesetzt, auf den Couchtisch. Die Katze drehte sich einmal um sich selbst und machte es sich dann auf meinen Unterlagen bequem. Sie rollte sich, maunzte dabei zögernd und zeigte mir schließlich ihren Bauch.

»Oh nein!«, platzte ich heraus.

»Was ist denn?«, kam es erschrocken zurück.

»Bahatis Bauch ist ganz kahl und ein Teil von ihrem Brustkorb auch. Ebenso die Innenschenkel hier, sehen Sie? Bis hinunter zu den Sprunggelenken und noch weiter zu den Pfoten!«

Ich deutete auf die Hinterbeine der Katze.

»Ja, aber ich habe Ihnen doch erzählt, dass Bahati ein Nacktkatzen-Mix ist! Was ist denn da nicht in Ordnung, Frau Doktor?«

»Liebe Frau Erdmann, da sind Sie aber wirklich auf eine Betrügerin hereingefallen. Ihre Katze ist kein Mischling, und schon gar kein Sphinx-Mischling, sondern eine ganz normale EKH – Europäisch Kurzhaar, wie wir Tierärzte eine Hauskatze nennen. Und Ihre Katze ist tatsächlich krank. Genauer gesagt: Sie hat vermutlich eine schwere psychische Erkrankung und leidet an sogenannter psychogener Alopezie. Das ist eine psychisch bedingte Haarlosigkeit, die durch zwanghaftes exzessives Lecken am Bauch beginnt. Diesen Katzen geht es sehr schlecht und …«

Hier unterbrach mich Frau Erdmann. »Aber die Züchterin hat mir erklärt, dass diese Mischlinge immer nur am Bauch kahl sind, und die besonders wertvollen mit viel Nacktkatzengenen, so wie meine Katze, seien auch an den Innenseiten der Beine nackt oder sogar am Brustkorb. Das seien die selteneren, deshalb auch der hohe Preis. Sie hat mir auch erklärt, dass die Katzen diese nackten Stellen besonders sorgfältig säubern, weil ja kein Fell da ist, das vor Dreck schützt.«

Mein skeptischer Gesichtsausdruck und das leichte Hochziehen meiner Augenbrauen ließen sie kleinlaut fragen:

»Sie wollen mir sagen, dass das alles Quatsch ist? Täuschung? Abzocke?«

Ich nickte.

Obwohl ich mir mit meiner Diagnose fast zu hundert Prozent sicher war, ging ich routinemäßig alle Antworten aus dem Fragebogen mit meiner Klientin durch und stellte Frauke Erdmann noch viele zusätzliche Fragen zum Verhalten ihrer Katze. Ich wollte mir später nicht vorwerfen müssen, nur eine flüchtige Differenzialdiagnose gestellt zu haben.

Aber mein Verdacht erhärtete sich von Antwort zu Antwort. Nach knapp drei Stunden war die Anamnese beendet. Alles, was noch fehlte, war ein Bluttest.

Dem Haustierarzt, der Bahati untersucht hatte, war der kahle Bauch zwar aufgefallen, wie er mir später schilderte, aber er hatte noch nie Nacktkatzen-Mischlinge gesehen, und Frau Erdmann war so überzeugt von der Sphinx-Abstammung gewesen, dass er die Symptome nicht mit der treffenden Diagnose zusammengebracht hatte.

Tatsächlich litt Bahati sogar unter der schwersten Form von psychogener Alopezie. Diese Zwangserkrankung geht oft aus Depressionen hervor und ist meist auch das Ergebnis restriktiver Haltung.

Bei einem solchen Befund kommen Psychopharmaka zum Einsatz: Sie bringen in der Regel gute Ergebnisse. Wichtig war in diesem Fall jedoch auch, dass Frauke Erdmann nun alles tat, um Bahatis Lebensumfeld artgerechter zu gestalten. Es fehlten stimulierende Kletter- und Versteckmöglichkeiten, das Toilettenmanagement musste optimiert werden, und es hatte sich herausgestellt, dass sie sich viel zu wenig mit ihrer Katze beschäftigte. Das sollte jetzt alles anders werden.

Obwohl wir uns im fünften Stock befanden, erkundigte ich mich, ob für Bahati nicht auch Freigang möglich wäre, vielleicht im Garten von Freunden?

Frau Erdmann fiel ihre Nachbarin ein. »Ja, ich bin öfter mal bei ihr in ihrem Schrebergarten. Den hat sie zwei Straßen weiter in einer Kleingartenkolonie gepachtet. Wir sind befreundet. Aber dahin kann ich Bahati nicht mitnehmen.

Dann läuft sie mir doch weg!« Meine Klientin schüttelte energisch den Kopf, aber ich ließ nicht locker.

»Haben Sie schon einmal davon gehört, dass es für Katzen Brustgeschirr und Leine gibt? Ich kann Ihnen erklären, wie man Bahati langsam und behutsam daran gewöhnen kann. Damit können Sie ohne Sorgen den kontrollierten Freigang im Garten ausprobieren. Wir müssen einfach alles, was möglich ist, tun, um Bahati aus ihrer schweren Gemütsverstimmung herauszuholen.« Meine Argumente überzeugten sie. Gemeinsam entwickelten wir einen Plan, Bahati bei solchen Gelegenheiten mitzunehmen.

Die Psychopharmakakombination, die ich verschrieb, schlichen wir langsam ein, um Nebenwirkungen zu verhindern. Die volle Wirkung würde wie immer erst nach sechs bis acht Wochen eintreten. Nun hieß es, Geduld zu haben.

Nach etwa dreieinhalb Monaten bekam ich eine Mail mit mehreren Fotos von Bahati: Der Bauch und die anderen kahlen Stellen waren bereits mit einem Flaum von dunklen Haaren zugewachsen. Das exzessive Lecken hatte aufgehört, Bahati putzte sich wieder normal. Und es war noch eine zweite Katze auf den Fotos zu erkennen.

Um Bahatis Leben aufregender und schöner zu gestalten, hatte Frau Erdmann einen zweijährigen Kater adoptiert. Die beiden verstanden sich auf Anhieb, ein echter Glücksfall für Bahati. Auf einem Foto war zu sehen, wie die beiden sich gegenseitig putzten.

Aber die Geschichte hätte auch anders ausgehen können. Dieser Betrugsfall machte mich sehr nachdenklich. Wie konnten Betrüger immer wieder Geld mit Tieren machen? Gefälschte Uhren, Klamotten und andere Konsumgüter, okay – aber Lebewesen?

Wäre Bahati nicht bei Frauke Erdmann gelandet, dann hätte sie wohl nie diese Behandlung und eine kostspielige medikamentöse Therapie bekommen. Inzwischen ging es ihr richtig gut, das erste von zwei Medikamenten konnten wir nach einem Dreivierteljahr absetzen.

Bahati, die Glückskatze, hatte wirklich Glück im Unglück gehabt.

## 5. Wenn Abessinier sprechen könnten

»Er liebt mich nicht mehr, stellen Sie sich das vor! Mein geliebter Togo liebt mich nicht mehr!«

Ich verstand zunächst gar nichts. Die aufgeregte Frau am Telefon hatte sich mit »Anita Schmiedinger« vorgestellt und war dann quasi mit der Tür ins Haus gefallen. »Ich bin so verzweifelt, wieso bloß liebt er mich nicht mehr?«

Ihr behandelnder Haustierarzt hatte ihr meine Telefonnummer gegeben. Aber war sie bei mir wirklich richtig, sollte sie nicht eher mit einem Paartherapeuten sprechen?

Doch ehe ich zu Wort kommen konnte, räusperte sie sich erneut, holte tief Luft und stieß empört hervor: »Mein Kater liebt mich nicht mehr! Togo liebt mich einfach nicht mehr! Togo hat…«

An dieser Stelle musste ich etwas unhöflich werden, ich wusste nun genug und unterbrach den Redefluss:

»Ganz langsam, Frau Schmiedinger, Sie haben also einen Kater, und Ihr Kater heißt Togo. Wie alt ist er denn? Und welche Rasse?« Mit diesen einfachen Fragen versuchte ich, meine Gesprächspartnerin auf den Punkt zu bringen.

»Togo ist vier Jahre alt, schon vier Jahre. Wie die Zeit vergeht! Und er ist ein Abessinier. Wissen Sie, woher Abessinier stammen? Also, ich kann Ihnen das ganz genau erklären …«

Und wieder konnte ich sie kaum stoppen. Anita Schmiedinger entfaltete ihr gesammeltes Katzenwissen vor mir, erzählte und erzählte, allerdings kein Wort über das, was mich eigentlich interessierte. Einer Tierärztin muss schließlich niemand erklären, dass Abessinier nicht aus Abessinien stammen, dem heutigen Äthiopien, sondern aus den Küstenregionen des Indischen Ozeans. Das gehört bei uns zum Basiswissen. Und es sind spezielle Katzen, sehr auf »ihren Menschen« fixiert. Meist so speziell wie ihre Besitzer, schoss es mir durch den Kopf. Während sie auf mich einredete, versuchte ich mir vorzustellen, wie Anita Schmiedinger wohl aussah – mitteljung, der Stimme nach zu urteilen, attraktiv, gewohnt, dass man sich nach ihr umdrehte, etwas sprunghaft …? Ich warf die Frage aller Fragen ein und schaffte es so, ihren Katzenwikipedia-Vortrag zu unterbrechen und mir Gehör zu verschaffen.

»Warum liebt Ihr Kater Sie denn nicht mehr? Haben Sie eine Vermutung?«

Diese Frage hatte mir schon die ganze Zeit auf der Zunge gelegen, aber noch hatte ich keine Gelegenheit gehabt, sie auszusprechen. Ich nutzte eine kurze Atempause und konnte damit endlich zu meiner aufgedrehten Telefonpartnerin durchdringen.

»Also, wissen Sie, ich bin so enttäuscht von Togo! Das kann ich Ihnen sagen, Frau Doktor, zutiefst enttäuscht! Da hab ich alles für ihn getan, und was macht er?«

Sie schwieg, atmete hörbar ein und aus. Ich nutzte die erneute Pause und hakte nach: »Ja, was genau macht er denn?«

»Er pinkelt mir in meine Wohnung! Er pinkelt einfach in meine Wohnung, und das schon seit einem halben Jahr. Das ist doch kaum zu glauben, oder? Wie kann er nur, wie kann er mir das nur antun?«

»Togo setzt also Urin in der Wohnung ab, schon seit einem halben Jahr?«, fasste ich ihren Bericht in sachlichem Ton zusammen.

»Ja, immer mittwochs und sonnabends. An zwei Tagen in der Woche, nicht mehr und nicht weniger.«

Ich hielt den Hörer ein wenig zur Seite, damit sie mein Kichern nicht hören konnte. Das war nun wirklich sehr komisch: Wie einfallsreich von diesem Kater, solch ein Muster zu entwickeln, und das auch noch mit einer derartigen Konsequenz! Er musste präzise Kalenderkenntnisse haben und damit über eine außergewöhnliche Intelligenz verfügen – der reinste Wunderkater! Wie hatte Frau Schmiedinger nur eine solche Dressurnummer hinbekommen?

Natürlich ließ ich mir nichts anmerken und sagte mit meiner tiefstmöglichen, beruhigend seriösen Arztstimme: »Tja, da müssen wir uns auf die detektivische Suche begeben und nach der Ursache fahnden. Aber ich kann Sie beruhigen, Pinkel-Katzen sind in der Verhaltensmedizin die dankbarsten Fälle.«

»Die Ursache? Die kann ich Ihnen sagen. Sie haben mir vielleicht nicht richtig zugehört.«

»Doch, Frau Schmiedinger, aber ...«

»Es ist doch ganz einfach: Togo liebt mich nicht mehr, er hasst mich, er lehnt mich ab.«

»Ich glaube nicht, dass eine Katze ...«

»Er ist ein Kater, und ich spüre doch genau, wie er mich ablehnt! Deswegen tut er mir das an. Nur deswegen, weil er mich nicht mehr liebt. Und ich frage Sie: Warum bloß?!«

Anita Schmiedingers Stimme wurde etwas schrill. »Warum tut er mir das bloß an? Was habe ich ihm denn getan? Ich habe ihm ein wundervolles Zuhause bereitet, ich habe ihn verwöhnt, habe alles für ihn getan! Wie kann er nur? Wie kann er nur so gemein sein, so undankbar?«

Was sollte ich darauf antworten? Offenbar unterstellte sie ihrem Kater gewisse moralische Reaktionen. Schließlich war er, so viel war mir schnell klar geworden, ja auch nur ein Mann. Ich durfte also gespannt sein, was diese Ehekrise zwischen Togo und Anita ausgelöst hatte. Die Frage, ob Anita außer ihrem Togo noch ein anderes männliches Wesen, humaneren Ursprungs, in ihrer Nähe, womöglich gar in ihrer Wohnung hatte, traute ich mich nicht zu stellen, denn ich befürchtete, Anita würde monogam mit ihrem Togo zusammenleben und hätte keine anderen Liebhaber.

Ich erklärte ihr nun, dass sie den allgemeinen verhaltenstherapeutischen Fragebogen und zusätzlich noch den speziellen Fragebogen zur Unsauberkeit der Katze ausfüllen und mir zusenden sollte, und wir vereinbarten einen Anamnesetermin für Donnerstag kommender Woche um 19 Uhr.

Zu meiner Verblüffung sagte Anita Schmiedinger ganz nebenbei, dass ihr Mann unbedingt bei dem Termin dabei sein wolle. Offenbar also mindestens eine Ménage-à-trois, meine Neugier auf dieses Trio wuchs.

Ich wurde nicht lange auf die Folter gespannt. Bereits zwei Stunden nach unserem Telefonat bekam ich per Mail die ausgefüllten Fragebogen und überflog sie zunächst. Togo machte mich neugierig: Er bepinkelte mittwochs und sonnabends einen Schreibtischstuhl, eine Aktentasche und einen Rucksack, Schuhe und einen Mantel an der Garderobe, darüber hinaus ein Kopfkissen im Ehebett und einen Küchenstuhl. Einen genauen Lageplan der Wohnung mit den Standorten zweier Katzenklos, eines Kratzbaums und den Stellen, an denen die »Pinkel-Unfälle« stattfanden, hatte Anita Schmiedinger auch gezeichnet, eingescannt und als Anhang mitgeschickt. Sie ist gründlich, dachte ich, ebenso gründlich wie der Kater.

Als ich am Donnerstag dort ankam, öffnete mir Anita Schmiedinger die Tür, ihr Mann stand neben ihr. Sie waren beide geschätzt Mitte vierzig. Frau Schmiedinger, eine schlanke Blondine, hatte einen dunkelblauen Rock mit einer blau-weiß gestreiften Bluse kombiniert, das Dekolleté schmückte eine kurze Perlenkette, dazu trug sie schicke Ballerinas. Ihr Mann passte mit seinem blau-weiß gestreiften Hemd und der grauen Flanellhose schon rein optisch gut zu ihr. Sie begrüßten mich beide sehr freundlich. Anita Schmiedingers nervösen Tonfall kannte ich ja schon. Ihr Mann Ralf räusperte sich ein paarmal und schob sich immer wieder seine Brille zurecht. Warum bloß war er so unsicher?

Wir inspizierten die gesamte Vierzimmerwohnung. Sie war geräumig und im Toskanastil eingerichtet. Die Wände waren in einem Apricotton gestrichen. Im großen Wohnzimmer gab es Pflanzgefäße und Wandlampen aus Terrakotta, einen großen ovalen Esstisch, und die Stühle waren aus rötlichem Holz, zwei schöne Korbstühle, dazu ein kleiner runder

Bistrotisch, standen am Fenster. Auch das Schlafzimmer und das Gästezimmer entsprachen diesem Wohnstil.

Wie nach den exakt ausgefüllten Fragebogen und dem Plan nicht anders zu erwarten war, herrschte überall penible Ordnung, war jedes Kissen, jeder Kerzenständer an seinem Platz, lag nirgends etwas herum, was dort nicht hingehörte.

Ich ließ mir in allen Zimmern die Versteckmöglichkeiten, Schlaf- und Ruheplätze zeigen, egal ob sie in der Höhe oder auf dem Boden angelegt waren. Die Frage nach den Kratzmarkiergelegenheiten und den Katzenklos beantwortete Togo selbst: Er begleitete uns von Zimmer zu Zimmer. Im Bad angekommen, ging er auf sein großes Katzenklo und pinkelte mit konzentriertem Gesichtsausdruck. Brav, dachte ich, na ja, es war ja auch Donnerstag und nicht Mittwoch oder Sonnabend. Danach stolzierte dieser elegante Orientale zu seinem Kratzbaum, streckte sich und kratzte ausgiebig. Man hätte fast meinen können, dass er wusste, was man in diesem Augenblick von ihm sehen wollte. Togo war hochbeinig, schlank, sein Kurzhaarfell hatte diese warme Honigfarbe, er war lebhaft und neugierig, eben ein echter Abessinierkater.

Wir setzten uns an den Esszimmertisch und kamen zum Substanziellen. Ralf Schmiedinger war jetzt sehr ruhig, Anita Schmiedinger wie erwartet sehr aufgeregt. Sie hatte einen Hefter mit Unterlagen über Togo vor sich, über den sie immer wieder strich. Bisweilen trommelten ihre Fingerspitzen auch darauf. Ich ließ mich nicht aus der Ruhe bringen und fasste zusammen, was mir sofort ins Auge gesprungen war: »Togo markiert im Arbeitszimmer Ihren Schreibtischstuhl, Herr Schmiedinger, nicht den gegenüberstehenden Ihrer

Frau. Er markiert Ihre Aktentasche und Ihren Rucksack, nicht die Taschen Ihrer Frau. Es trifft den Küchenstuhl, auf dem Sie beim Essen sitzen, und es ist Ihr Mantel, den er in der Garderobe gezielt mit Harn markiert. Außerdem markiert Togo das Kopfkissen auf der linken Seite des Ehebettes, und nicht das auf der rechten Seite. Auf der linken Seite liegen Sie, Herr Schmiedinger?«

Ich legte eine Pause ein, um dem Gesagten Gewicht zu verleihen. Zum ersten Mal erlebte ich Anita Schmiedinger sprachlos. Auch ihr Mann äußerte sich nicht. Den beiden war das alles noch gar nicht aufgefallen. Mir dagegen schoss plötzlich ein Gedanke durch den Kopf, den ich aber zunächst wieder verdrängte. Ich kenne mich, meine Fantasie ist sehr lebhaft – manchmal zu lebhaft –, und in diesem Fall war sie mit einer brisanten Theorie beschäftigt, die ich vielleicht erst mal für mich behielt. Wir begannen mit der gemeinsamen detektivischen Arbeit.

»Herr Schmiedinger, überlegen Sie bitte einmal ganz genau. Was hat sich mittwochs und sonnabends in Ihrem Leben verändert? Haben Sie eine neue Arbeitskollegin oder einen neuen Arbeitskollegen bekommen? Jemanden, der nur zweimal in der Woche bei Ihnen arbeitet? Oder hat sich jemand im Büro einen Hund angeschafft?«

Er schüttelte ein ums andere Mal den Kopf. Wir gingen alles durch und fanden keine Veränderungen, die darauf hindeuteten, dass Togos Besitzer Fremdgerüche mit in die Wohnung trug, die den Kater sozial verunsicherten. Das würde ihn nämlich zum Harnmarkieren veranlassen, damit er sich wieder sicherer fühlen konnte.

Ralf Schmiedinger begann immer stärker zu schwitzen. Er stand auf, öffnete ein Fenster und kündigte an, dass er sich ein Glas Wasser aus der Küche holen wollte. Im Aufstehen trafen sich unsere Blicke sehr lange – zu lange. Er schien mir etwas signalisieren zu wollen. Irgendetwas sagte mir, dass er sich inständig wünschte, ich hätte seine Wohnung niemals betreten.

Ich versuchte, meinen immer stärker werdenden Verdacht zu unterdrücken, und erklärte die Ursachen des unerwünschten Harnmarkierens von Katzen. Dabei benutzte ich Bilder: »Stellen Sie sich vor, Ihre ganze Wohnung ist von einem imaginären Sicherheitsnetz umwickelt. Und nun tragen Sie Fremdgerüche von draußen herein, die das Sicherheitsgefühl des Katers empfindlich stören. Er ist sozial verunsichert und will diese Löcher, die durch die Fremdgerüche in diesem imaginären Sicherheitsnetz entstanden sind, wieder flicken. Das macht er, indem er mit Harn markiert.«

Das ließ ich erst mal sacken. Togo war schon die ganze Zeit im Esszimmer unterwegs gewesen und um unsere Beine gestrichen, hatte sich ausgiebig Streicheleinheiten abholen können. Nun mischte er sich mit leisem Maunzen in unsere Diskussion ein, so als ob er etwas erklären wollte. Wir mussten alle drei herzhaft lachen, und die Anspannung, die ich bei meinen beiden Klienten verspürte, ließ etwas nach.

Schließlich erklärte ich, dass wir zunächst symptomatisch arbeiten müssten, da wir offenbar die Ursache im Moment nicht finden konnten. Ich wollte dazu übergehen, das Verhaltensmodifikationskonzept zu besprechen, als es aus Anita Schmiedinger herausplatzte:

»Jetzt weiß ich, was sich verändert hat!«

Sie machte eine Pause. Ich war gespannt und beobachtete aus dem Augenwinkel heraus ihren Mann. Der rutschte auf seinem Stuhl herum und schien irgendwie immer kleiner zu werden. Eigentlich war es in der Wohnung nicht überheizt, aber er war ziemlich rot im Gesicht und schien zu schwitzen. Irgendwie tat er mir leid.

»Schatz, na klar, es gibt ja Veränderungen!« Sie klang erleichtert. »Seit ihr vor einem halben Jahr umstrukturiert habt, musst du doch immer dienstags und freitags länger arbeiten.« Ein Strahlen huschte über ihr Gesicht. »Sicherlich ist das der Grund, und Togo ist wütend, weil du immer so lange weg bist.« Sie schaute mich fragend an.

Ich nickte. »Das könnte es durchaus sein. Aber wir dürfen dem Kater trotzdem keine Moral unterstellen. Er ist nicht wütend, sondern sozial verunsichert, und deshalb markiert er immer am Folgetag, also mittwochs und sonnabends, mit Harn sein Revier.«

Von Anita Schmiedinger schien eine Last abzufallen. »Dann hasst Togo mich gar nicht, dann liebt er mich also doch noch?«

Ich war mir inzwischen fast sicher, dass der gefühlte Liebesentzug nicht so sehr vom Kater ausging, wollte aber Ralf Schmiedinger nicht noch mehr zusetzen. Seine Blicke wurden eindringlicher. Als Hund hätte ich mir jetzt beschwichtigend über die Lippen geleckt, gegähnt und mich gekratzt. Ich ertappte mich zumindest beim Kratzen am Hinterkopf. Wir besprachen alle Maßnahmen, die es nun umzusetzen galt. Optimiertes Reinigungsmanagement der bepinkelten

Stellen, optimiertes Toilettenmanagement und mehr. Das Ehepaar Schmiedinger würde in den nächsten Tagen viel zu tun haben.

Ich fuhr mit einem mulmigen Gefühl, aber auch irgendwie amüsiert in mein Praxisbüro und setzte mich an den Befundbericht. Nun konnte ich Togo an seinen Haustierarzt zurücküberweisen. Am nächsten Montag klingelte das Telefon schon sehr früh. Ralf Schmiedinger war dran. Ich hatte damit gerechnet und lehnte mich entspannt auf meinem Schreibtischstuhl zurück. Er kam ohne Umschweife zur Sache.

»Frau Doktor Werner, unterliegen Sie der Schweigepflicht? Müssen Sie alles für sich behalten, auch wenn ich Ihnen jetzt etwas erzähle, was in diesem Fall relevant ist und was meine Frau trotzdem nicht wissen darf? Es ist sehr wichtig!«

Ich beruhigte ihn, natürlich würde ich der Schweigepflicht unterliegen und seiner Frau nichts erzählen. Nach einer Pause und zweimaligem Räuspern setzte er zur Erklärung an.

»Ja, also, es ist folgendermaßen.« Er legte eine Pause ein. »Ich meine, die Sachlage ist so, dass ich …« Erneutes Räuspern. »Na ja, wie soll ich es sagen, ähm –«

Ich unterbrach ihn mit ruhiger Stimme. »Sie haben seit einem halben Jahr eine Geliebte, mit der Sie sich dienstags und freitags treffen.« Ohne auf seine Reaktion zu warten, fragte ich ihn: »Benutzt diese Dame ein Parfüm?«

»Parfüm?« Er klang verdutzt. »Ja, ich glaube … ja, doch! Sie benutzt Parfüm, ich habe es ihr zum Geburtstag geschenkt.«

Ohne weiter ins Detail zu gehen, empfahl ich ihm, die

Dame zu bitten, künftig vor ihren Treffen kein Parfüm und auch keine Bodylotion aufzutragen, denn das waren mit großer Wahrscheinlichkeit die Fremdgerüche, auf die Kater Togo massiv reagierte. Wir verblieben so, dass er das umgehend mit seiner Freundin besprechen würde, damit sie gleich am nächsten Tag, der ja wohl wieder »offiziell« ein langer Dienst-Dienstagabend war, auf alle Düfte verzichtete. In der darauffolgenden Woche rief mich Anita Schmiedinger an und berichtete mir, dass Togo aufgehört habe, die Sachen ihres Mannes zu markieren.

»Und stellen Sie sich vor, dabei habe ich noch gar nichts von den besprochenen Maßnahmen umgesetzt, außer dass ich die verunreinigten Stellen mit dem von Ihnen empfohlenen Enzymreiniger behandelt habe. Ich bin so glücklich, ich kann Ihnen gar nicht sagen, wie glücklich.«

Sie holte tief Luft, mir war klar, dass sie jetzt etwas Wichtiges sagen wollte. »Wissen Sie, dass war sicherlich Ihre bloße Anwesenheit und die Tatsache, dass Togo während der Anamnese ja auch die ganze Zeit selbst zugehört hat. Er ist eben ein schlaues Kerlchen!«

Der Stolz auf den Kater war ihr anzuhören. Sie dankte mir und wir verabschiedeten uns. Als ich schon auflegen wollte, fügte sie schnell noch hinzu: »Togo liebt mich also doch noch.«

Stimmt, der Liebe ihres Katers konnte sie gewiss sein. Ich war ja nur als Tierverhaltenstherapeutin engagiert. Alles andere ging mich nichts an.

## 6. Zwei Designerkatzen in einer Designerwohnung

Ein Bengale und eine Siamesin machten Ärger, deshalb rief mich Professor Maximilian Dornstedt an. Er und seine Frau seien zutiefst enttäuscht von ihren zwei Jahre alten Katzen.

»Stellen Sie sich nur vor, Frau Doktor, Donatello, der Bengale, und Doriana, die Siamesin, wagen es, an einem unserer italienischen Designerstühle zu kratzen. Und das schon seit einer Woche. Ist das nicht unglaublich? Ich weiß nicht, was in unsere Katzen gefahren ist! Was sollen wir nur tun?«, verlangte mein Anrufer von mir zu wissen. Der Professor war richtig aufgebracht.

Ich war natürlich ebenso entsetzt wie er, dass seine Rassekatzen es gewagt hatten, an einem Stuhl zu kratzen! Aufgrund der »Schwere des Falles« konnte ich eine Anamnese bereits am Folgetag anbieten (tatsächlich hatte mir eine Klientin wegen Erkrankung kurzfristig abgesagt). Das war aber auch wirklich ein schlimmes Vergehen! Höchst erstaunlich, dass das Ehepaar Dornstedt die beiden Übeltäter noch nicht ins Exil geschickt hatte – oder zumindest ins Tierheim. Böse Katzen! Sehr böse Katzen!

Auf diese Katzenliebhaber war ich sehr gespannt. Am nächsten Tag wurde ich von den Eheleuten bereits an der Außenpforte ihres neu gebauten Townhouses in Empfang genommen. Der Vorgarten war mit großen Marmorsteinplatten und schneeweißen Kieseln ausgelegt, nur ein paar in Form geschnittene Buchsbäume brachten etwas Grün ins Bild. Auch auf dem dunklen Granitweg zur Haustür war kein Steinchen zu viel, geschweige denn ein Hälmchen Unkraut zu finden. Alles wirkte edel und perfekt aufeinander abgestimmt. Die Haustür bestand aus schwarzen und gläsernen Elementen. Schon bei der Begrüßung wurde ich höflich gebeten, gleich meine Schuhe auszuziehen.

Das hätte ich auch ohne Aufforderung gemacht, denn im gesamten Erdgeschoss lagen etliche weiße Teppiche. Eigentlich war hier fast alles weiß: weiße Möbel, weiße Tische, weiße Stühle, weiße Ledersofas, weiße Lampen. Auch die Dame des Hauses trug eine weiße Hose und ein weißes Shirt, allerdings hatte sie mit einem roten Designerschal einen farbigen Akzent gesetzt. Ihr Mann nahm eher die Farben des Hauseingangs auf, er trug einen schwarzen Rolli, eine schwarze Hose sowie eine Brille aus dunkelgrauem Horn. Mir schien alles ein wenig unwirklich. War ich vielleicht in einer Filmkulisse gelandet?

Donatello, ein hübscher Bengale, und die Siamkatze Doriana lagen auf den breiten Lehnen eines ausladenden Sofas, auf weißen Decken. Es wäre auch wirklich schade um das weiße Leder der Designerstücke gewesen. Beide trugen sie ein geflochtenes weißes Halsband mit einem auffälligen quadratischen Anhänger, eine Art kleines Kästchen. Was denn darin steckte, wollte ich direkt wissen.

»Warten Sie es ab, Sie werden begeistert sein!«

Professor Dornstedt bereitete es offensichtlich Vergnügen, die ausgewiesene Katzenexpertin mit etwas Neuem zu
überraschen. Ich wollte kein Spielverderber sein und schlug
deshalb wie üblich vor, mit der Begehung anzufangen.

Damit kam ich hier aber nicht so gut an. Meine Auftraggeber wollten zunächst ganz genau wissen, wozu dieser
Rundgang denn dienen solle:

»Es geht doch schließlich nur um das Problem mit dem
bekratzten Designerstuhl«, meinte Frau Dornstedt.

Ich erklärte geduldig, wie Hausbesuche üblicherweise bei
mir abliefen und dass ich die gesamte Lebenswelt der Katzen
in Augenschein nehmen müsse. Schließlich sollte ich ja die
Ursache für Donatellos und Dorianas Verhalten ergründen,
und die klebte sicher nicht leicht ablesbar an der Unterseite
des Stuhles. Das zog.

Gemeinsam spazierten wir also durch die weiße Pracht,
die sich über schätzungsweise zweihundertzwanzig Quadratmeter erstreckte. Mit meiner dunkelgrünen Cordhose
und einem braunen Pullover fühlte ich mich ein wenig deplat-
ziert. Außerdem war ich offenbar ein Kulturbanause, denn
ich kannte keinen einzigen der vielen italienischen Künstler,
deren Werke hier an den Wänden hingen und deren Namen
mir so lässig aufgezählt wurden, als gehörten sie zum kleinen
Abc. Zwei dieser Gemälde mussten besonders wertvoll sein,
denn sie befanden sich sogar hinter Spezialglas.

An dieser Stelle fiel mir dann auch die Alarmanlage auf,
deren Bewegungsmelder überall im Haus verteilt waren.

»Können Sie diese Bewegungsmelder überhaupt noch einschalten, seit Sie Katzen haben? Die gehen doch die ganze Zeit an!«

»Oh ja, selbstverständlich können wir das«, antwortete mir die Dame des Hauses. »Wenn wir das Haus verlassen, bringen wir die Katzen vorher in ein Gästezimmer am Ende des Flures. Es ist nicht sehr groß, neun Quadratmeter etwa, aber das reicht ja. Dort gibt es keine Bewegungsmelder, und wir können die Alarmanlage beim Verlassen des Hauses scharf stellen.«

»Eingesperrt zu werden mögen Katzen aber gar nicht«, entschlüpfte es mir, aber das wollte ich später beim Anamnesegespräch vertiefen. Ich erkundigte mich, wo Donatello und Doriana denn die Möglichkeit hätten, sich unter Sichtschutz zu verstecken. Ich hatte noch nichts Entsprechendes gesehen. Weder auf dem Boden noch in der Höhe gab es irgendeine Stelle, wo die beiden Katzen sich hätten verbergen können. Auch konnte ich keine Klettergelegenheiten oder Kratzmöglichkeiten entdecken.

»So einen Schnickschnack brauchen unsere Katzen nicht, das haben sie nicht nötig. Abgesehen davon, würde so etwas die Ästhetik unseres Hauses stören«, kanzelte mich der Hausherr ab. Er hielt kurz inne und reckte das Kinn in die Höhe, bevor er weitersprach. »Dieser Kram würde unser Haus nur verschandeln. Sie wissen schon, was ich meine!«

Ich wusste, was er meinte, natürlich! Trotzdem erklärte ich in betont sachlichem Ton, was ich von dieser Luxuswohnung aus Katzensicht hielt – nämlich gar nichts! Sie war überhaupt nicht katzengerecht. Ich wollte mir aber noch die Katzentoiletten anschauen. Dafür erntete ich erneutes Stirnrunzeln, aber dann wurde mir, wie verlangt, das Katzenklo im Badezimmer vorgeführt.

Die Sache wurde immer abstruser. Ich konnte ein Kopfschütteln nicht unterdrücken. Vor mir stand ein Designerkatzenklo, wie ich es in natura noch nie gesehen hatte. Es sah aus wie ein Teilchenbeschleuniger oder ein MRT-Gerät. Und natürlich war es weiß.

Voller Stolz erzählten die Eheleute, dass es aus den USA käme und technisch unglaublich ausgefeilt sei. Bereitwillig demonstrierten sie mir das Technikwunder. Zur Reinigung drehte man gegen den Uhrzeigersinn an dem weißen Teilchenbeschleuniger, und schon landeten Kot und Harnklumpen in einem parfümierten Auffangbehälter. Wie toll ...!

Auf dem Rückweg ins Wohnzimmer gingen wir an zwei hochglänzenden weißen Flurkommoden vorbei. Just in diesem Moment kam Donatello um die Ecke gesaust. Er verlangsamte seinen Schritt und näherte sich einer der Kommoden. Wie von Zauberhand öffnete sich die unterste Schublade mit einem Summen, während der Hals des Katers rot zu blinken anfing. Das Blinken kam von dem Kästchen an seinem Halsband.

Routiniert hüpfte Donatello in die offene Schublade. Sie enthielt einen Behälter mit Streu und stellte ganz offensichtlich ein weiteres Katzenklo dar. Der Bengale machte sein großes Geschäft.

Nach kurzer Zeit, es waren höchstens zwei Minuten vergangen, ertönte wieder ein Summton, und die Schublade begann sich selbsttätig zu schließen. Donatello war im letzten Augenblick herausgesprungen. Nun wusste ich also, wofür die kleinen weißen Kästchen an den Halsbändern waren. Ich sah, wie beide gespannt auf meine Reaktion warteten.

Ich hätte mich gern einen Moment an die Wand gelehnt, aber plötzlich schoss mir durch den Kopf, dass ich damit womöglich die Alarmanlage auslösen oder sich irgendwelche Schranktüren öffnen würden.

Fassungslos sagte ich: »Das ist nicht Ihr Ernst, oder? Sie haben Ihre Schubladen und Ihre Katzen mit Sensoren ausgestattet??«

»Na ja«, antwortete Frau Doktor etwas patzig, »wir wollen natürlich keine hässlichen Klos irgendwo stehen haben.« Ihr Mann nickte beifällig.

Ich blickte die beiden ungläubig an. Anstatt etwas zu erwidern, bat ich darum, zur Besprechung überzugehen. Meinem Wunsch wurde entsprochen, doch bevor wir uns auf den Ledersofas niederlassen konnten, sollte ich mir noch den durch Kratzmarkierspuren verunstalteten Designerstuhl ansehen.

»Wie dramatisch!«, dachte ich bei mir, als ich die paar Kratzer in Augenschein nahm.

Es lief nicht gut zwischen uns. Ich wusste aus Erfahrung, dass es vertane Mühe gewesen wäre, den beiden Herrschaften meine Einschätzung peu à peu und auf pädagogisch wertvolle Art beizubringen. Ich blieb ruhig, konnte aber einen ironischen Tonfall nicht ganz unterdrücken.

»Wissen Sie, das ist ja wirklich schlimm, was die beiden Katzen hier in Ihrer Wohnung angerichtet haben. Aber ich habe eine schnelle Lösung für Sie: Kaufen Sie sich zwei italienische Designerkatzen aus Porzellan und geben Sie Donatello und Doriana an Menschen ab, die den beiden eine katzengerechte Wohnung bieten können. Ich kann Ihnen gerne bei der Vermittlung helfen. Diese Umgebung ist jedenfalls eine einzige Katastrophe für Ihre Katzen.« Vorsichtshalber sagte ich das, ohne aufzusehen, während ich etwas in die Karteikarte kritzelte.

Ich glaube, dass dies der Moment war, in dem mich das Ehepaar Dornstedt gerne vor die Tür gesetzt hätte, aber ich hatte meine Anamnese noch nicht beendet. Ohne die beiden weiter zu Wort kommen zu lassen, führte ich alles auf, was an Maßnahmen nötig wäre, um dieses Haus auch nur ein wenig katzengerecht zu gestalten.

Aber ich redete gegen eine Wand. Sie waren völlig uneinsichtig und wollten rein gar nichts ändern.

Der Abschied fiel frostig aus. Ich ging mit den Worten: »Machen Sie was daraus. Für weitere Fragen stehe ich Ihnen gerne zur Verfügung.«

Erwartungsgemäß meldete sich das Paar nicht mehr. Wochen später erfuhr ich von der Kollegin, die mir diesen Fall überwiesen hatte, dass man höchst empört über meine Einschätzung und meine Vorschläge gewesen sei. Wie ich so etwas auch nur in Erwägung habe ziehen können, schließlich lebten sie ja auch noch in diesem Haus! Ich erzählte der Kollegin, wie schlimm es um die Katzen stand, und sie verstand sofort.

Wir wussten beide, welche Karriere die beiden empfindsamen Tiere nun vor sich hatten. Es war ein Wunder, dass sie nicht schon längst auffällig geworden waren. Nun würde es vermutlich keine drei Monate mehr dauern, bis zumindest eine der beiden Katzen mit Harnmarkieren begann: aus Gründen der sozialen Unsicherheit, die durch die restriktive Haltung, der sie ausgesetzt waren, entstand.

Auch war zu erwarten, dass die Katzen ein übersteigertes und zwanghaftes Putzverhalten an den Tag legen und sich die Bäuche kahl lecken würden. Vermutlich würden sie auch depressiv und immer reduzierter in ihrem Verhalten werden. Möglicherweise käme noch Fettleibigkeit dazu.

Das war das übliche Schicksal solcher Katzen. Die Folge würde sein, dass sie irgendwann entweder eingeschläfert wurden oder ins Tierheim kamen.

Leider konnte und kann ich nicht alle Katzen retten.

## 7. Diese Stille im Kopf

An einem grauen Spätnachmittag Anfang März traf ich mich vor einem Mietshaus, in dem ich seit Anfang des Jahres ein junges Paar mit zwei Katzen betreute, mit einer Journalistin, die sich ein Bild von meiner Arbeit machen wollte. Die jungen Leute hatten nichts gegen meine Begleitung, das hatte ich mit ihnen zuvor abgeklärt.

Hinter dem Paar lag bereits ein mehrmonatiges Martyrium. Als ich Peter Holm und Anja Schneider Mitte Januar zum ersten Mal getroffen hatte, lagen ihre Nerven total blank. Allein wussten sie sich nicht mehr weiterzuhelfen. Sie hatten, ohne wirklich einschätzen zu können, was auf sie zukommen würde, ein halbes Jahr zuvor ein weißes Kätzchen adoptiert. Aus Mitleid, denn das Tier sollte eingeschläfert werden. Und weil sie sein weißes Fellkleid und die himmelblauen Augen so wunderschön fanden.

Die Züchterin wusste vermutlich um das besondere Risiko aller weiß geborenen Katzen. Diese leuzistischen Katzen, so der Fachbegriff, sind, im Gegensatz zu Albinokatzen, sehr oft taub. Vielleicht kannte sie auch die Stelle aus dem Talmud, dem uralten jüdischen Schriftwerk, das besagt, »dass weiße Katzen mit blauen Augen als Haustiere ungeeig-

84

net sind; sie sind nämlich immer taub und nicht in der Lage, Ratten und Mäuse zu verjagen«.

Heute weiß man, dass das Gen für die Fellfarbe Weiß sowie das Gen, das für Gehörlosigkeit verantwortlich ist, auf demselben Genabschnitt liegen. Deshalb gibt es neben tauben weißen Katzen beispielsweise auch viele taube weiße Doggen, Dalmatiner und Bulldoggen.

Und Lea, so hieß das weiße Kätzchen, war tatsächlich taub geboren und stresste ihre Menschen nun durch stundenlanges klägliches Miauen, vorzugsweise nachts.

Mit vier Wochen war die Kleine eigentlich viel zu jung gewesen, um von ihrer Mutter getrennt zu werden. Katzenjunge sollten mindestens zwölf Wochen beim Muttertier bleiben. So lange brauchen sie die Mutter, und außerdem entwickeln sie gerade zwischen der zweiten bis siebten Lebenswoche, der sogenannten sensiblen Phase, ein sensorisches Referenzsystem, das sie fit fürs Leben macht. Die Erziehung durch die Mutter erfolgt dann vorwiegend in der neunten bis zwölften Lebenswoche, die Kitten erlernen in dieser Zeit eine körperliche und emotionale Selbstkontrolle.

All das war Lea nicht vergönnt gewesen.

In der freien Natur hätte eine taube weiße Katze kaum eine Chance zu überleben, denn sie hört ihre Beutetiere nicht fiepen, kann herannahende Autos nicht hören und würde auch als Muttertier ihre hungrigen Babys nicht hören. Bei Menschen mit einem großen Herzen für kranke Tiere sieht es für sie natürlich besser aus.

Heute stand mein zweiter Hausbesuch bei diesen Tierfreunden an.

Petra Bollmann, die Journalistin, wartete schon vor dem Haus auf mich. Sie machte einen sympathischen Eindruck und kam gleich auf mich zu. Die Redakteurin einer Tierzeitschrift wollte einen Artikel über meine Arbeit als verhaltenstherapeutische Tierärztin schreiben. Sie hatte sich bereits im Vorfeld telefonisch von mir über den heutigen Fall informieren lassen. Jetzt nutzten wir die Gelegenheit, uns auch persönlich vorzustellen. Wir hatten noch ein paar Minuten Zeit, und ich wies sie zur Sicherheit noch einmal darauf hin, dass es hier um einen eher schwierigen Fall ging.

»Mit einer tauben Katze kann man eigentlich nicht leben«, erläuterte ich. »Niemand verkraftet auf Dauer das Miauen einer gehörlosen Katze. Ich wage mal zu behaupten, dass diese Miau-Laute deutlich schlimmer sind als das Wimmern eines dauerquengelnden Babys – und auch das zerrt heftig an den Nerven. Wobei ein Baby sich nicht einfach nachts alle paar Stunden neben den Kopf von Mama oder Papa setzt und zu greinen anfängt. Aber das alles ist den jungen Leuten hier im letzten halben Jahr passiert …«

»Oje!« Frau Bollmann war offensichtlich beeindruckt.

»Es gibt aber auch schon positive Anzeichen. Die wöchentlichen Protokolle, die nach meinem ersten Hausbesuch vor gut vier Wochen nun regelmäßig per Mail bei mir eintreffen, zeigen eine deutliche Abnahme des Miauens. Und als wir letzte Woche telefoniert haben, klangen die beiden schon wieder fröhlicher und zuversichtlicher. Sie bekommen wohl wieder etwas mehr Schlaf.«

Es war Zeit zu klingeln. Wir fuhren mit dem Fahrstuhl hinauf in den sechsten Stock.

Oben angekommen, führte ein schmaler langer Flur direkt auf die Neubauwohnung zu. Die hell erleuchtete Wohnungstür stand schon offen. Frau Schneider wartete in der Tür auf uns, aber Leo, ihr schwarzer Kater und Spielgefährte von Lea, kam ihr mit der Begrüßung zuvor.

Mit hocherhobenem Schwanz lief er auf mich zu und maunzte freundlich. Ich blieb stehen, um ihn zu streicheln, und er strich mir um die Beine. Etwas schüchterner, aber auch neugierig, folgte ihm Sorgenkätzchen Lea und ließ sich ebenfalls von mir kraulen.

Eine wirklich wunderschöne Katze! Und dann diese Augen! Ich konnte durchaus nachempfinden, wieso Anja Schneider und Peter Holm ihr das Leben gerettet hatten. Der Katzenvater war nun ebenfalls aufgetaucht und hatte sich hinter seiner Lebensgefährtin postiert. Ich machte die anwesenden Zweibeiner miteinander bekannt.

Wir ließen unsere Mäntel an der Garderobe und gingen ins Wohnzimmer, wo ich schnurstracks zur Fensterfront marschierte. Diesen tollen Ausblick über das vorabendlich erleuchtete Berlin hatte ich noch vom letzten Mal in guter Erinnerung. Auch Frau Bollmann war beeindruckt.

Schnell war das Eis gebrochen, wir machten etwas Berlin-Small-Talk und setzten uns schließlich an den großen runden Tisch, der nah am Fenster stand. Amüsiert beobachteten wir das Katzenpärchen und kommentierten ihr Spiel, das sie extra für uns aufzuführen schienen.

Ich wusste schon, dass sich die beiden gut verstanden,

was sich für die Therapie von Lea als sehr nützlich erweisen sollte. Meine Klienten berichteten Frau Bollmann, dass Leo, der sechs Monate ältere Kater, Lea anfangs erst mal beibringen musste, wie sie sich auf der Katzentoilette zu verhalten hatte.

Lea hatte sich inzwischen auf einen ihrer Lieblingsplätze hinter den Fernseher verzogen. Leo, der energiegeladene Jungkater, tollte herum, führte uns den Kletterbaum vor, sprang dann elegant auf die Fensterbank und spazierte dort entlang, so als wollte er uns sagen: »Schaut doch mal, was für ein prachtvoller Kerl ich bin.« Plötzlich entdeckte er meine Arzttasche, die ich auf den Boden gestellt hatte. Sie stand offen, denn ich hatte gerade erst meine Unterlagen herausgeholt und meine kleine Thermoskanne mit der speziellen ayurvedischen Teemischung auf den Tisch gestellt.

Ein Sprung, und Leo schnupperte am Leder, dann verschwand er selbst in der Tasche, übermütig, wie junge Katzen nun mal sind. Er erntete allgemeines herzhaftes Lachen für seine Vorstellung.

Leos Frauchen wirkte entspannt, erwartungsvoll und war gut gelaunt. Ich wusste schon, dass die fröhliche junge Frau hauptsächlich von ihrem Homeoffice aus tätig war. Sie hatte am meisten auszuhalten. Ihr Partner arbeitete die Woche über außerhalb von Berlin, unterstützte sie aber an den Wochenenden umso mehr. Auch er kümmerte sich hingebungsvoll um Leo und insbesondere Lea.

Ich hatte der kranken Katze und ihren Besitzern ein ehrgeiziges Lernprogramm verordnet und wollte nun mit eigenen Augen sehen, wie viel die drei davon schon umgesetzt hatten.

»Hat denn das Miauen abgenommen?«, war gleich meine erste ernsthafte Frage.

Peter Holm nickte voller Stolz: »Ja, es ist höchstens noch halb so viel. Sie ist auf jeden Fall ruhiger geworden! Ich weiß nicht, ob's an der Tablette liegt oder an uns. Jedenfalls jammert sie jetzt nur noch ganz doll, wenn meine Frau auf der Toilette ist oder unter der Dusche. Dann setzt sich Lea davor und legt richtig los. Ich hab das mal aufgenommen. Wollen Sie es sich anhören?«

Ich kannte diese Schreie natürlich, denn in meinen bislang 15 Jahren als Katzentherapeutin habe ich schon mit etlichen tauben Katzen zu tun gehabt, aber ich signalisierte Interesse. Für meine Begleiterin würde dies vermutlich ein unvergessliches Hörerlebnis werden. Sie hatte noch nie eine taube Katze gehört.

Was da in den nächsten 60 Sekunden vom Band kam, waren hohe, extrem schrille Frequenzen, die jedem von uns durch Mark und Bein gingen. Frau Bollmann hielt sich unwillkürlich die Ohren zu. Es lässt sich schwer beschreiben, aber Leas Miau-Kaskaden waren rasiermesserscharf, durchdringend und irgendwie auch seelenlos klagend. Wie ein Automat wiederholte sie immer dieselbe Tonfolge:

»M-EEEEE-AAAAA-UU, M-EEEEE-AAAAA-UU, M-EE-EEE-AAAAA-UU ...«

»Ja, so klingt eine taube Katze!«

Ich nickte Frau Bollmann zu. Wie man so etwas über Wochen und Monate aushielt, war selbst für mich schwer nachvollziehbar. Ich wandte mich an die jungen Leute: »Wissen Sie, dass die meisten meiner Klienten mit einer tauben Katze unter

Psychopharmaka stehen, wenn ich das erste Mal zu ihnen komme? Wohlgemerkt, die Menschen, nicht die Vierbeiner – die können ja nicht hören, was sie anrichten!«

Alle lachten.

»Sie beide sind die Ersten, die ohne Medikamente ausgekommen sind – ein Zeichen für Ihre Nervenstärke. Und die werden Sie in denn nächsten Wochen auch noch gut brauchen können, das prophezeie ich Ihnen.«

Es ist vielen Katzenbesitzern anscheinend gar nicht bewusst, dass Katzen, wenn sie miauen, dies nur für uns Menschen tun. Oder haben Sie schon mal gehört, wie sich zwei Katzen miauend unterhalten? Katzen kommunizieren lautlos miteinander. Das Miauen ist allein eine Reaktion auf unser menschliches Verhalten. Wenn wir auf ihre Laute reagieren, lernt die Katze ganz schnell, dass sie uns so auf sich aufmerksam machen kann. Katzen bringen uns nun mal gern dazu, etwas für sie zu tun. So war das auch bei Lea und ihren Besitzern abgelaufen.

Aber genau so konnte Lea dies auch wieder verlernen. Allerdings würde das Löschen dieses Verhaltensmusters ein langwieriger Prozess sein, der große Konsequenz und viel Geduld von meinen beiden Klienten erforderte.

»Also, fünfzig Prozent weniger Miauen nach vier Wochen Verhaltenstraining, das macht Freude!«, lobte ich. »Wirklich klasse gemacht von Ihnen dreien! Sicher hilft auch die tägliche Gabe Amitriptylin dabei, dass Lea ruhiger geworden ist. Wir haben den Wirkstoff ja eingeschlichen, zunächst mit einer Achteldosis, nach zwei Wochen haben wir auf ein Viertel erhöht. In sechs Wochen dürften wir bei der Erhaltungsdosis angekommen sein. Aber bitte, seien Sie auch weiter konsequent und ignorieren Sie Lea, wenn sie etwas von Ihnen will. Sie müssen das Miauen immer ignorieren! Wenn Sie das in der momentanen Phase nur einmal außer Acht lassen, geht alles wieder von vorne los. Die nächsten vier bis sechs Wochen sind besonders heikel. Und wenn Sie doch mal kurz davor sind, nachgiebig zu werden, stellen Sie sich einfach vor, dass Ihre Katze das etwa so verstehen würde: ›Aha! Ach so! Ich muss nicht nur einen Tag durchhalten, auch nicht drei oder zehn. Sie brauchen fünf Wochen!!! Dann hören mich Herrchen und Frauchen endlich! Okay, das können sie haben!‹ Und schon stehen wir wieder am Anfang.«

Die beiden stimmten mir zu, nickten brav und verständig. Frau Bollmann machte sich Notizen.

»Lea ist zwischendurch sehr wütend geworden, als wir angefangen haben, sie zu ignorieren«, fiel Peter Holm ein.

»Ja klar – das ist reiner Frust! Es ist außerordentlich frustrierend für Ihre Katze, wenn sie auf das eingeübte Verhalten nicht mehr die erwartete Reaktion bekommt.«

Ich schaute meine Klienten noch einmal prüfend an: »Ganz ehrlich, gelingt es Ihnen konsequent, auf ein Miauen gar nicht zu reagieren? Mit gar nicht meine ich: weder mit einem leisen Stöhnen noch durch eine, und sei es auch noch so kleine körperliche Reaktion?«

Diesmal antwortete Leas Frauchen: »Doch, ja, das schaffen wir. Mein Mann lenkt Lea zum Beispiel nicht mehr ab, wenn ich ins Bad will. Dann dreht sie ja immer durch, wie, das haben Sie ja eben gehört. Ich mache auch nicht mehr die Tür zum Badezimmer auf, nur um meine Ruhe zu haben. Es ist hart, aber wir halten das durch. Wenn ich duschen will, rastet sie halt immer noch aus.«

»Und wenn Sie die Tür nur angelehnt lassen würden? Wäre das keine Lösung?«

»Na ja, das könnte ich mal probieren.« Frau Schneider dachte kurz über meinen Vorschlag nach.

»Bei meinem Mann meckert sie zwanzig Sekunden, und dann geht sie wieder. Aber bei mir scheint sie immer Panik zu bekommen, wenn ich aus ihrem Blickfeld verschwinde. Aber zumindest auf der Toilette möchte ich auch mal allein sein …«

Ich sprach die Möglichkeit an, eine Katzenklappe in die Badezimmertür einzubauen, aber das wurde sogleich abgelehnt, weil es eine Mietwohnung war und man nicht in eine Ersatztür investieren wollte. Beim Toilettengang würde Frau Schneider also weiter starke Nerven beweisen müssen. Sehr erfreulich fand ich, wie deutlich sich das nächtliche und auch morgendliche Schreien zurückgebildet hatten.

Beim ersten Hausbesuch war das eines der Hauptthemen gewesen. Die beiden hatten mir geschildert, wie Lea mehrmals in der Nacht, wenn beide gerade im Tiefschlaf lagen, mit ihren Miau-Arien begonnen hatte. Besonders eine Maus hatte es Lea angetan, mit der sie am liebsten unter dem Bett spielte, sowie eine Packbandschnur. Bei der Maus wurde sie immer recht aggressiv. Und wenn keiner schnell genug aufwachte, um mit ihr zu spielen, setzte sie ihr Katzenkonzert eben auf dem Kopfkissen fort, so lange, bis einer von ihnen oder beide erschrocken aus dem Schlaf fuhren.

Die Zeiten, als sie nachts ganz normal durchschlafen konnten, waren mit Leas Einzug vorbei gewesen.

Als erste Gegenmaßnahme, das hatte ich dem Paar eingeschärft, sollten sie, auch wenn es schwerfiel, unbedingt so tun, als ob sie weiterschliefen. Ich versprach ihnen, dass Lea, wenn sie keinen Erfolg mehr mit ihrer Methode hatte, das Schreien einstellen würde.

Außerdem hatte ich geraten, keinerlei Spielzeug im Schlafzimmer zu dulden. Sicher hatte auch das Medikament, das ich verordnet hatte, seinen Teil dazu beigetragen, dass wieder Ruhe zwischen den Kissen eingekehrt war.

Ich überflog noch einmal die Protokolle und ließ es mir bestätigen. Lea hatte die nächtliche Lektion gelernt.

»Wenn morgens mein Wecker klingelt und Lea mit ihrem Miauen loslegt, bleibe ich extra noch zehn Minuten länger liegen, damit sie keinen Zusammenhang zwischen ihrem Miauen und meinem Aufstehen herstellen kann; es ist ja auch ganz angenehm, einfach noch ein bisschen zu dösen«, steuerte Herr Holm zum Gespräch bei.

»Super! Ganz toll!«

»Ich mache das tagsüber so: Wenn Lea wieder mit ihren Klagen anfängt, gehe ich einfach aus dem Raum«, warf Anja Schneider ein, »zum Beispiel in die Küche und koche mir einen Kaffee; jedenfalls ignoriere ich sie und mache einfach etwas anderes. Sie hört dann nach kurzer Zeit auf.«

»In etwa vier bis sechs Wochen wird es noch mal eine starke Miau-Phase geben, dann werden Sie denken: ›O Gott, was haben wir falsch gemacht?‹ Aller Wahrscheinlichkeit nach nichts! Das ist einfach so, dass die Katze erst noch mal richtig aufdreht, bevor das Verhaltensmuster wirklich gelöscht ist. Durch diese Phase müssen Sie gemeinsam durch. Danach haben Sie es dann geschafft. Aber es gibt noch eine andere gefährliche Klippe, die Sie umschiffen müssen«, warnte ich die beiden vor.

»Schärfen Sie bitte auch Ihren Nachbarn ein, wenn die das Tier kennen, oder allen Freunden, die zu Besuch kommen, dass auch sie nicht auf Leas Miauen reagieren dürfen. Das ist ganz wichtig! Denken Sie immer daran: Diejenigen, die das dann auszubaden hätten, wären Sie!«

Ich wandte mich an Frau Bollmann, die links neben mir saß und das bisherige Geschehen aufmerksam verfolgt hatte: »Ja, das klingt so leicht. ›Ignoriere das Tier, wenn es dich an-maunzt!‹ Aber was fällt uns schwerer, als ein Tier zu ignorie-ren, das ausgesprochen süß und niedlich ist!«

»Ja, das ist sicher schwierig«, pflichtete sie mir bei.

Ich schlug vor, Leo, den wir zwischenzeitlich aus dem Wohnzimmer ausgesperrt hatten, wieder dazuzuholen, denn er konnte recht eifersüchtig werden. Wir besprachen noch einige Situationen und Vorkommnisse, die mit der Löschung des unerwünschten Verhaltens zu tun hatten. Schließlich stellte ich eine Frage in die Runde. »Übrigens, hat es jemand bemerkt? Lea hat in der letzten Stunde noch kein einziges Mal miaut! Ein untrügliches Zeichen dafür, dass wir auf dem richtigen Weg sind. Man merkt, Sie beide wollen das schaffen. Sie haben Nervenstärke und Konsequenz bewie-sen.«

Ich wollte noch einmal unterstreichen, wie zufrieden ich mit dem bisher Erreichten war.

»Aber denken Sie bei all dem auch daran, sich gerade jetzt viel um Lea zu kümmern. Schenken Sie ihr besonders viel Aufmerksamkeit, streicheln Sie sie ganz viel, wichtig ist auch das Anschauen – aber immer nur dann, wenn sie es nicht einfordert. Und nun kommen wir noch zu einem allen Katzenbesitzern leidlich bekannten Problem, zur Medikamentengabe.«

Auf dieses Stichwort hatte Frau Schneider nur gewartet. »Lea ist so clever! Sie hat schon nach drei Tagen gemerkt, dass wir ihr die Tablette in die Leckerlis stecken. Jetzt frisst sie die nicht mehr. Nicht mal mit ihrer Lieblingsleberwurstpaste kann ich sie noch locken. Dabei brauche ich die Leckerlis ja auch noch als Belohnung, wenn wir trainieren. Ich gebe ihr deshalb die Tablette jetzt immer direkt ins Mäulchen, sie sabbert kurz, aber dann ist es vorbei.«

Mit dieser Lösung war ich allerdings nicht einverstanden, denn das hieß, dass Leas Mäulchen und Speiseröhre für etwa eine halbe Stunde betäubt waren, zumal Amitriptylin einfach scheußlich bitter schmeckt.

»Probieren Sie gerne selbst einmal eine viertel Tablette – das tut Ihnen nichts –, dann werden Sie feststellen, dass man sie unbedingt in etwas Essbares packen muss.«

Ich verriet den beiden einen Trick, der eigentlich immer funktionierte. Sie sollten pro Tag vier Futterbällchen rollen. In eines der Bällchen sollten sie die Tablette drücken. Aus praktischen Gründen schlug ich vor, die Tagesrationen immer für sieben Tage im Voraus zuzubereiten.

»Ich platziere die vier Portionen einer Tagesration auf einem Brotschneidebrett, das Quereinkerbungen hat, damit nichts durcheinandergerät. Aber das kann man sicher auch anders organisieren. Kleingeschnittene Hühnerleber oder Rinderherz empfehle ich sehr, oder einfach etwas, was Ihre Katze besonders gern isst. Machen Sie winzige Portiönchen daraus. Die Wochenproduktion kommt dann ins Gefrierfach.«

»Soll ich das Rinderherz nur schneiden oder auch kochen?«, hakte Frau Schneider nach.

»Kochen, nein, wieso? Werden Mäuse draußen gekocht, bevor die Katze sie verspeist?« Ich musste schmunzeln.

Lea schien kurz davor zu sein, eine Leckerli-Aversion zu entwickeln. Damit sie wieder Vertrauen fasste und die Bällchen arglos schluckte, sollten diese in der ersten Woche noch keine Tablette enthalten. Frau Jurtschik würde sie ihr noch ein paar Tage direkt verabreichen.

Mein Plan sah weiter vor, dass nun mit Lea das Bällchenspiel eingeübt wurde. Dafür sollten die vier Bällchen, nachdem sie kurz angetaut waren, nacheinander über den Boden in Leas Blickfeld geschnipst bzw. von ihr weggeschnipst werden, damit sie sie erjagen konnte. Ein Spiel, wie gemacht für eine Katze.

»Wissen Sie, warum wir das so kompliziert machen müssen? Damit Sie später selbst nicht mehr wissen, in welches Kügelchen Sie das Medikament gesteckt haben. So können Sie sich auch nicht selbst verraten, zum Beispiel durch kurzes Luftholen oder andere kleine Körpersignale. Sie wissen ja, wie schlau Katzen sind. Katzen merken sofort, wenn sich ein Mensch kurzzeitig verspannt, ein klitzekleines Zögern reicht da schon. Das hat man sogar experimentell nachgewiesen. Und was passiert dann? Die Katze verweigert genau das Bällchen, um das es geht, weil sie ahnt: das ist das mit der Tablette …«

Damit hatten wir also den zweiten wichtigen Punkt abgehakt. Jetzt stand noch Leas Training auf meiner To-do-Liste. Wir wollten nicht nur das störende Verhalten löschen, sondern auch eine neue Art der Kommunikation mit ihr einüben. Auch wenn eine Katze nicht hört, kann sie dennoch fühlen, und das sogar besonders gut. Diese Fähigkeit wollten wir uns zunutze machen.

»Wie klappt es denn mit den Klopfzeichen?«

»Sehr gut, ich kann es Ihnen gern mal vorführen.«

Frau Schneider stand auf, ging zum Schrank und holte einen Stößel hervor, wie er eigentlich zu einem Mörser gehört. Auch ein paar Leckerlis hatte sie parat.

Das bekam Lea natürlich sofort mit. Leo hatte sich unterdessen in die Küche verzogen, so als wüsste er, dass dies jetzt Leas Show war.

Lea setzte sich abwartend in Positur. »Toll, sie will arbeiten«, deutete ich ihr Verhalten, und tatsächlich klappte das, was ich letztes Mal vorgemacht hatte, schon prima. Immer, wenn Lea ihr Frauchen zufällig anblickte, stieß diese zweimal mit dem Stößel auf den Boden und belohnte dann mit einem Leckerli. Das führten die beiden mehrmals hintereinander vor.

Wir legten eine Trainingspause ein, und ich erklärte den nächsten Schritt.

»Wir werden jetzt an der Signalkontrolle arbeiten. Sie haben bisher ausschließlich den zufälligen Blickkontakt belohnt. Und das klappt schon hervorragend! Jetzt werden wir anspruchsvoller.

Als Erstes drehen wir die Reihenfolge um. Es geht erst in dem Moment los, in dem Ihre Katze Ihnen gerade nicht in die Augen schaut, sondern mit etwas anderem beschäftigt ist. Ob sie nun ins Regal oder aus dem Fenster blickt, ist egal. Dann lassen sie den Stößel zweimal auf den Boden aufkommen. Warten Sie in Ruhe ab, bis Lea zu Ihnen guckt. Sie wird erst mal nicht wissen, was Sie von ihr wollen. In dem Moment, wo sie schaut, belohnen Sie sie.

Was wir ihr beibringen wollen? Sie soll lernen: ›Immer wenn es klopf, klopf macht und der Boden vibriert, soll ich Frauchen oder Herrchen anschauen!‹ So, und das üben Sie jetzt bitte ein paarmal!«

Gespannt beobachteten Herr Holm, Frau Bollmann und ich die beiden. Unter meiner Anleitung klappte es nach ein paar Anläufen schon recht ordentlich.

»Und das üben Sie jetzt bitte regelmäßig mit Lea. Sie beide. Und achten Sie darauf, dass Sie den Stößel immer auf die gleiche Art und Weise fallen lassen. Je klarer das Signal ist, desto besser für Ihre Katze. Später können Sie Lea damit sogar auch aus der Küche zu sich ›rufen‹, während sie hier im Wohnzimmer ist.«

Peter Holm schien nicht ganz überzeugt. »Sie meinen, Lea nimmt das auf die Entfernung wahr…?«

»Oh ja, ich habe das schon in 160-Quadratmeter-Wohnungen mit Holzboden erlebt, da kam die Katze aus der hintersten Ecke angelaufen. Viele denken, man kann Katzen nicht erziehen, nicht so wie einen Hund. Aber wenn eine Katze futtermotiviert ist, kann man im Grunde alles mit ihr machen. Wenn sie intelligent ist«, setzte ich mit einem Augenzwinkern hinzu. »Bei Persern ist das vielleicht etwas schwieriger, sie sind eher die Doggen unter dem Katzenvolk. Aber Lea ist ja sehr wissbegierig, und solange sie sich motiviert zeigt, ist alles in Ordnung. Planen Sie ruhig vier bis fünf Trainingseinheiten pro Tag ein, jeweils nicht mehr als fünf Minuten.

Nutzen Sie alle primären Verstärker, das heißt einfach alles, was Ihre Katze mag. Das kann natürlich ein Leckerli sein. Aber auch eine Kuscheleinheit ist eine positive Verstärkung. Nur die verbalen Belohnungen können Sie sich sparen. Auch wenn Sie Lea aus Gewohnheit mal spontan loben, denken Sie daran, Ihre Katze hört Sie nicht!«

Während ich das sagte, wurde ich nachdenklich.

»Es ist schon sehr ruhig in Leas Kopf, eine besondere Art von Einsamkeit muss das sein. So eine Stille möchte man sich gar nicht vorstellen!«

Wir schwiegen alle für einen Moment. Dann schüttelte ich die Stimmung wieder ab und lächelte meine Klienten an: »Umso wichtiger, dass Ihre Katze Sie beide hat, mit all Ihrem Enthusiasmus und dem Willen, ihr ein gutes Leben zu bieten! Und natürlich Leo!«

Wie aufs Stichwort kam der Kater, der sich zuvor wieder beleidigt verzogen hatte, ins Wohnzimmer zurück. Wir mussten alle herzhaft lachen, und der Bann war endgültig gebrochen. Leo lief zu seiner Spielgefährtin, stupste sie an und die beiden kuschelten miteinander.

Ich vereinbarte mit meinen Klienten, weiter per Mail und per Telefon in Kontakt zu bleiben. In sechs Monaten würden wir voraussichtlich mit dem Ausschleichen des Amitriptylins beginnen können.

Hier lief schon vieles richtig – und es würde bald noch besser werden. So gut wie es eben möglich war, unter den gegebenen Umständen.

## 8. Elvis und die Kartoffeln

Es gibt viele Fälle, die haben für den Fachmann bzw. die Fachfrau alle ein und dasselbe Grundmuster, auch wenn die Ausprägungen total verschieden sein können. So habe ich immer wieder mit Katzenbesitzern zu tun, die die Welt nicht mehr verstehen, weil ihr Kater oder ihre Katze sich plötzlich von einem lieben, zahmen Haustier in einen angriffslustigen Tiger verwandelt hat.

Genauso war es auch Brigitte Merz ergangen. Mein Hansi hatte die Stimme einer älteren Frau aufgezeichnet. Sie hatte etwas zögerlich gesprochen. Einmal hatte sie mehrfach angesetzt, um den Satz zu Ende zu bringen. Sie war anscheinend nicht sehr geübt im Besprechen eines solchen Aufzeichnungsgeräts. Aber es geht nicht anders: Per Mail oder per Anrufbeantworter können meine Klienten mit mir in Kontakt kommen.

Die Woche über fahre ich in meinem Praxismobil täglich zu drei, vier, manchmal fünf Hausbesuchen kreuz und quer durch die ganze Stadt. Ich besuche viele Hauskatzen und ihre Halter und Halterinnen, gehe mit Hunden und ihren Herrchen und Frauchen im Rahmen der Vor-Ort-Anamnese Gassi, um das Verhalten ihrer Vierbeiner zu beobachten, und leite Anti-Aggressionskurse für Hunde. Ganz abgesehen von meinen ehrenamtlichen Engagements für die Tierwelt, die auch meine volle Aufmerksamkeit brauchen. Mein Anrufbeantworter ist da wie mein persönlicher Sekretär, der mir brav alles auflistet, was sich in meiner Abwesenheit getan hat.

Bei meinem Rückruf hörte ich deutlich heraus, wie verängstigt Frau Merz war – noch bevor sie im Einzelnen gesagt hatte, worum es ging. Und die Situation war tatsächlich so dramatisch, dass mein sofortiges Eingreifen erforderlich war.

Vor knapp vier Wochen hatte Elvis, ihr acht Jahre alter Kater, sie wie aus dem Nichts angegriffen und ihr tief in den Mittelfinger der rechten Hand gebissen. Frau Merz hatte sofort ihren Hausarzt aufgesucht, der die Wunde auch fachmännisch versorgt hatte, trotzdem entzündete sich diese in kürzester Zeit, sodass Frau Merz sogar stationär im Krankenhaus aufgenommen werden musste.

Die alte Dame erzählte mir, wie sie über mehrere Tage Infusionen mit Antibiotika und starken Schmerzmitteln bekommen hatte. Mit zittriger Stimme berichtete sie, dass sie zweimal operiert werden musste, da das Gewebe rund um den Biss abgestorben war. Zehn Tage später, nach einer dritten OP, hatte sie das Krankenhaus wieder verlassen. Den Mittelfinger hatte man ihr abnehmen müssen.

Als sie nach Hause kam – die Nachbarin hatte Elvis in der Zwischenzeit ohne Probleme versorgen können –, startete Elvis prompt einen weiteren Angriff auf sie. Diesmal von der Hutablage aus, kaum dass sie den Flur ihrer Wohnung betreten hatte. Elvis klammerte sich aus dem Sprung heraus an ihren Oberkörper und biss ihr in die Schulter. Danach schrie er kurz auf und rannte ins Wohnzimmer.

Brigitte Merz schloss blitzschnell die Zimmertür hinter dem Kater und schob wenig später vorsichtig ein Katzenklo und Futter hinein. Dann drehte sie den Schlüssel um, klingelte bei der Nachbarin und brach dort weinend zusammen.

Soweit die Kurzversion der Ereignisse. Frau Merz war nicht mehr in der Lage, ihre eigene Wohnung zu betreten. Sie rief mich vom Apparat ihrer Nachbarin aus an und bat mich, möglichst bald zu kommen.

»Frau Doktor Werner, ich glaube, Elvis hat Halluzinationen oder etwas in der Art. Meine Nachbarin und ihr Mann versorgen ihn seit vorgestern wieder. Die beiden können ohne Probleme in meine Wohnung gehen, nur ich nicht! Elvis kommt ihnen schnurrend entgegen, sagen sie. Er lässt sich von ihnen ganz normal streicheln, füttern und bespielen. Er lässt sie auch in jedes Zimmer.

Deshalb wollte ich es gerade vorhin mit meiner Nachbarin zusammen noch einmal versuchen. Wir haben große Sofakissen mitgenommen, und ich habe die Wohnungstür vorsichtig aufgeschlossen. Aber als Elvis mich sah, ist er sofort wieder auf mich zugeschossen und wollte mich anspringen. Meine Nachbarin konnte schnell noch ihr Kissen vor mich halten, ich bin rückwärts aus der Wohnung rausgelaufen und habe noch gehört, wie Elvis von innen gegen die Tür gesprungen ist.« Frau Merz schluchzte jetzt heftig.

»Meiner Nachbarin hat er nichts getan. Absolut nichts! Können Sie mir das erklären? Ich habe Angst, verstehen Sie?

Angst davor, meine Wohnung zu betreten. Das kann doch eigentlich nur ein Gehirntumor bei Elvis sein. Was macht man denn da? MRT, CT? Oder soll ich ihn etwa gleich einschläfern lassen? Haben Sie so einen verrückten Fall schon mal gehabt?«

Oh ja, das hatte ich! Und nicht nur einen!

Die Erklärung für ein solches Verhalten war aber in keinem der Fälle ein Gehirntumor gewesen. Katzen, die unkontrolliert und ungehemmt Menschen anfallen, müssen schnell behandelt werden. Ich bot der alten Dame noch am selben Nachmittag einen Termin an und verschob dafür einen anderen. Wir wollten uns in der Wohnung der Nachbarin treffen.

Ich wurde in der zweiten Etage eines älteren Mehrfamilienhauses in Spandau erwartet. Ich klingelte bei der Nachbarin, die mir öffnete und mich in ihr Wohnzimmer brachte, wo Frau Merz auf mich wartete. Ich schätzte sie auf Anfang siebzig, eine kleine rundliche Frau, mit einem Verband an der linken Hand. Sie hatte große Angst, dass sie nun mit mir zusammen noch mal in ihre Wohnung gehen sollte.

»Sie müssen sich doch anschauen, wie aggressiv er auf mich reagiert, Frau Doktor!«

Ich konnte sie beruhigen. »Um Gottes willen, Frau Merz, das machen wir natürlich nicht! Schildern Sie mir bitte einfach in allen Einzelheiten den allerersten Angriff. Mich interessiert alles, was Ihnen dazu einfällt. Was ist unmittelbar davor passiert?«

»Oh, das weiß ich noch genau. Ich stand in der Küche und schälte Kartoffeln.«

»Und wo war Elvis?«

Sie musste einen Moment überlegen. »Da, wo er eigentlich immer sitzt, wenn ich in der Küche bin. Er hat auf der Fensterbank gesessen, wie immer. Das ist einer seiner Lieblingsplätze und sehr bequem!«

Ein Lächeln huschte über ihr Gesicht. »Von da aus kann er aus dem Fenster schauen, runter in unseren schönen grünen Hof – oder er beobachtet mich, wie ich in der Küche hantiere. Er saß währenddessen oft bei mir und hat mir zugeguckt.« Jetzt sah sie sehr traurig aus.

»Was ist dann passiert? Erzählen Sie alles, woran Sie sich noch erinnern.«

»Na ja, ich stand neben der Spüle und schälte, wie gesagt, die Kartoffeln. Ich dachte, es könnten noch ein paar mehr für meinen Auflauf sein. Also drehte ich mich zum Kühlschrank um. Ich habe so eine halbhohe Gefrierkombination. Obendrauf lege ich immer die Kartoffeln, in einem Netz, Sie wissen schon! Ich holte noch drei heraus und wollte die schälen. Dann ist mir das offene Netz mit den restlichen Kartoffeln plötzlich vom Kühlschrank gefallen. Ich muss das wohl aus Versehen ins Rollen gebracht haben. Jedenfalls fiel alles vom Kühlschrank runter. Mit einem ziemlichen Krach. Ich war selbst ganz erschrocken. Und die Kartoffeln sind alle auf dem Küchenboden herumgekullert.«

Frau Merz legte eine Pause ein, schüttelte ihren Kopf mit den kurz geschnittenen grauen Haaren und zupfte an ihrem Pulli herum. Schließlich sprach sie weiter.

»Da hat mich Elvis mit seinen großen schwarzen Augen angestarrt und ganz schrill aufgeschrien, so wie ich ihn noch nie gehört habe, fast wie entartet. Und dann hat er mich angegriffen – mein Elvis! Einfach so. Dabei ist gar nichts auf ihn draufgefallen. Verstehen Sie das? Von einer Sekunde auf die andere kam das. Ich erkannte meinen Kater nicht wieder. Er schrie. Ach ja, und dann hat er auch noch Kot und Urin verloren. Das kenne ich gar nicht von ihm! Irgendwie ist er mir auf einmal an die Hand gesprungen und hat mir in den Finger gebissen. So tief, dass mir kurz schwarz vor Augen wurde.

Das Einzige, was ich noch weiß, ist, dass er noch einmal wild durch die Küche geflitzt und schließlich in den Flur rausgerannt ist. Dort ist er knurrend umhergeschlichen. Den Eingang zur Küchentür hat er dabei immer im Auge behalten. Fragen Sie mich nicht, wie ich da rausgekommen bin. Ich hab meinen Mantel und meine Tasche geschnappt und bin zum Arzt. Mehr weiß ich nicht mehr.«

Hier lag eine wirklich brandgefährliche Situation vor, da Elvis sich aktiv zu seinem Opfer Brigitte Merz hinbewegt und keine für sie erkennbare Drohphase gezeigt hatte. Elvis besaß keine Beißhemmung, und die Angriffe waren unkontrolliert. Er hatte Zähne und Kraft genug, mehrere Angriffe hintereinander zu starten. Hinzu kam, dass seine Besitzerin nach einem leichten Schlaganfall, den sie zwei Jahre zuvor erlitten hatte, nicht mehr so schnell zu Fuß war.

Nachdem wir zwei Stunden geredet hatten, wollte ich zusammen mit der Nachbarin in die Wohnung gehen und mir Elvis anschauen. Zum Schutz trug ich meine Lederhose und eine dicke Jacke. Auch hielt ich für den Fall der Fälle ein spezielles Abwehrspray in der Hand. Es würde einen entsetzlich zischenden Ton von sich geben, der Katzen in der Regel schwer beeindruckte und deshalb flüchten ließ. Ich erwartete zwar keinen Angriff, wollte aber dennoch vorbereitet sein.

Die Nachbarin schloss die Tür zur Wohnung gegenüber auf. Ein grau getigerter, freundlich schnurrender Kater kam uns entgegen. Elvis strich mir um die Beine und rieb sein Köpfchen vertrauensvoll an meiner Hand, als ich mich zu ihm hinunterbeugte.

Eigentlich alles bestens.

Ich untersuchte dabei seine Augen und einige andere Dinge, die auf neurologische Probleme hinweisen konnten. Aber Elvis hatte weder eine Kopfschiefhaltung noch einen schwankenden Gang. Er hörte gut, seine Pupillen waren gleich groß, und er kommunizierte völlig normal. Miauend lief er zum Futternapf und wies uns freundlich darauf hin, dass dieser leer war. Nach der Fütterung machte ich ein paar weitere Tests mit ihm.

Diese ergaben keine besonderen Befunde. Neurologisch war offensichtlich alles in Ordnung, und es bestand keine Veranlassung für weiterführende Untersuchungen bei der behandelnden Haustierärztin. Nach zwanzig Minuten gingen wir wieder hinüber in die andere Wohnung.

Brigitte Merz hatte inzwischen den Cognac ausgetrunken, den ihr die Nachbarin vorher eingeschenkt hatte. Sie zitterte am ganzen Körper und hatte Tränen in den Augen.

»Und? Muss mein Elvis eingeschläfert werden?«

Ich setzte mich.

»Liebe Frau Merz, das, was Ihnen mit Elvis passiert ist, ist eine sogenannte Fehlverknüpfung nach Schreck.«

»Was heißt das denn?«

»Nun ja, Katzen sind leider so gestrickt, dass sie das, was sie in einem großen Schreckmoment anschauen, unmittelbar danach zu ihrem Opfer erklären.«

»Verstehe ich nicht. Wie meinen Sie das?«

»Also, Elvis saß auf der Fensterbank in der Küche. Das Netz mit den Kartoffeln donnerte auf den Küchenboden. Elvis war gerade dabei, Sie beim Kartoffelschälen zu beobachten. Der Sturz der lauten und für ihn vermeintlich gefährlichen Kartoffeln machte ihm große Angst. Er bekam einen Schreck, schaute jedoch in diesem Moment nicht die Kartoffeln an, sondern Sie. Dabei wäre es egal gewesen, wer da gestanden hätte. Es hätte auch Ihr Enkelkind sein können oder Ihre Nachbarin oder der Bekannte, der abends zum Kartoffelauflauf-Essen kommen wollte. Derjenige, den die Katze in dem Moment, in dem sie sich sehr erschrickt, anschaut, ist fortan das Opfer.«

Ich hielt inne, um Frau Merz die Möglichkeit zu geben, Fragen zu stellen, doch sie blieb stumm und nickte nur.

»Wenigstens kennen wir jetzt den Auslöser. Sorgen machen mir jedoch so einige andere Dinge: Elvis zieht sich nach einem Angriff nicht vollständig zurück, sondern wartet knurrend – bereit für einen neuerlichen Angriff. Sie sind durch Ihren Schlaganfall körperlich ein wenig eingeschränkt und könnten sich gegebenenfalls nicht schnell genug in Sicherheit bringen. Und ich habe dazu noch eine Frage, Frau Merz: Nehmen Sie Blutverdünner?«

Wie ich vermutet hatte, schluckte sie Gerinnungshemmer. Das war ein Problem. Es wäre fahrlässig von mir gewesen, einen Therapieversuch in der Wohnung von Brigitte Merz durchzuführen. Bei solchen Versuchen ist auch immer dann Vorsicht geboten, wenn der Katzenhalter an Diabetes erkrankt ist oder Wundheilungsstörungen hat, sowie bei Katzenhalterinnen, bei denen eine Schwangerschaft vorliegt, und Menschen, die immunsupprimiert sind oder Ödeme aufweisen.

In der Wohnung von Brigitte Merz konnten wir demnach nicht mit Elvis arbeiten. Er hätte das Wohnzimmer ganz allein für sich haben müssen, und das während des nächsten halben Jahres! Zum Schutz von Brigitte Merz hätten wir davor eine Sicherheitstür einbauen müssen. Es brachte aber auch nichts, Elvis für die Zeit der Verhaltenstherapie woandershin zu bringen, denn Kater und Katzenbesitzerin würden täglich trainieren müssen.

Ich erklärte den beiden Frauen in aller Ruhe die schwierige Situation und fragte dann, ob es vielleicht möglich sei, dass Elvis die nächsten drei bis sechs Monate hier in der Nachbarswohnung leben könnte. Dann wäre eine Verhaltenstherapie unter kontrollierten Bedingungen möglich, zum Beispiel hinter einer Kaninchendrahtgittertür. Durch diese würde Elvis sein Opfer, Frau Merz, gelegentlich sehen, aber nicht angreifen können. Wir würden einen positiven Impuls dagegensetzen, und Elvis würde die Schreckensverknüpfung langsam wieder verlernen. Ein Prozess, der Geduld und starke Nerven erforderte.

Kaum hatte ich meinen Vorschlag ausgesprochen, schüttelte die Nachbarin bedauernd den Kopf. Den Kater während verlängerter Wochenenden zu betreuen oder jetzt in dieser Notsituation, das sei in Ordnung, aber sie wolle ihn nicht für ein halbes Jahr bei sich wohnen haben.

»Das macht auch mein Mann nicht mit!«, war sich die Nachbarin sicher.

Ich konnte ihre Absage verstehen, da es zudem zwei- bis dreimal täglich notwendig gewesen wäre, das Training, mit dem ich das Verhalten des Katers modifizieren wollte, in ihren vier Wänden durchzuführen.

Auch Brigitte Merz wollte verständlicherweise keinesfalls mehr die Wohnung mit ihrem Kater teilen. Obwohl sie nicht gleich etwas sagte, spürte ich deutlich, dass der Gedanke, ihr Wohnzimmer Elvis zu überlassen und täglich mehrmals mit ihm an seinem Verhalten arbeiten zu müssen, sie überforderte. Sie stotterte: »Also ei-einschläfern?«

»Nein, Frau Merz, Elvis ist kein Kater für den Himmel. Das war eine unglückliche Fehlverknüpfung, und Elvis hat aufgrund dessen einzig und allein mit Ihnen ein Problem. Er wäre durchaus vermittlungsfähig. Mit fremden Menschen gäbe es keine Probleme. Auch nicht mit anderen Personen, die er kennt. Aber Sie verstehen sicher, dass es mit ihm in einer Wohnung für Sie viel zu gefährlich wäre. Das kann und darf ich nicht verantworten. Es wäre zu riskant.«

»Was für eine schreckliche Situation! Und alles nur wegen ein paar Kartoffeln! Frau Doktor, fänden Sie es unmoralisch, wenn ich mich dazu entschließe, Elvis abzugeben? Bitte verstehen Sie mich nicht falsch! Ich bin zu vielem bereit, sonst wären Sie ja auch nicht hier. Ich kann das nur sehr schweren Herzens machen. Über acht Jahre hatten wir eine so schöne Zeit zusammen, mein Elvis und ich. Ich werde ihn schrecklich vermissen. Aber durch ihn habe ich einen Finger verloren.« Sie verzog das Gesicht.

»Liebe Frau Merz, ich kann Sie gut verstehen. Auch dass Sie sich das in Ihrem Alter nicht mehr zumuten wollen. Soll ich mich darum kümmern, dass Elvis in gute Hände kommt, oder haben Sie selbst eine Idee?«

Sie überlegte längere Zeit. In ihrem Gesicht arbeitete es. Schließlich meinte sie: »Ach, vielleicht würde meine Enkelin ihn nehmen. Sie studiert im fünften Semester in Greifswald. Sie und Elvis haben sich immer gut verstanden. Ich könnte sie fragen …«

Sie schwieg kurz, nestelte nervös an ihrem Pullover herum und strich sich die Hose glatt. »Er war schon mal für mehrere Wochen bei ihr, als ich nach meinem Schlaganfall in der Reha war.«

Die Nachbarin entspannte sich. Ich mich auch.

»Das ist sicher die beste Lösung in diesem Fall, und es wäre vernünftig und sehr verantwortungsvoll, Elvis umziehen zu lassen. Er bliebe ja sozusagen auch in der Familie«, versuchte ich sie aufzumuntern.

Brigitte Merz lehnte sich mit feuchten Augen zurück und nippte an ihrem Cognacglas. Sie sah sehr müde aus.

Drei Tage später zog Elvis nach Greifswald.

## 9. Das hohe C und die Oliven

Sie war Opernsängerin, ihr Mann Intendant, die Katze ein Schreihals. Als Isabel Feltin bei mir anrief und von ihrer Katze Montserrat erzählte, gab sie den Satz von sich, den fast jeder, der mich wegen seiner Katze anruft, in der einen oder anderen Version beim Erstkontakt anbringt: »Wissen Sie, Montserrat ist eine sehr spezielle Katze!«

Ich finde das sympathisch. Natürlich ist jede Katze einzigartig, und die Besitzer, die sich an mich wenden, haben in der Regel auch ein liebevolles Verhältnis zu ihrem Haustier.

Natürlich bekundete ich trotz dieser sehr gängigen Einleitung mein großes Interesse an dieser besonderen Katze und bat darum, mehr zu erfahren. Das wäre gar nicht nötig gewesen, denn meine Anruferin redete gleich weiter, mit einer volltönenden Sprechstimme, der man das Stimmtraining anmerkte. Für Zwischenfragen bot sich in den nächsten fünf Minuten keine Möglichkeit mehr, sofern ich die Sängerin nicht äußerst unhöflich hätte unterbrechen wollen.

»Wir haben sie nach Montserrat Caballé benannt. Vielleicht haben Sie den Namen schon mal gehört?«

Sie schien der Meinung zu sein, dass eine Tierärztin so etwas wohl nicht wissen konnte, denn Madame Feltin fuhr gleich fort: »Das ist eine spanische Star-Sopranistin, die in ihrer Glanzzeit ganz wundervoll gesungen hat. Mein Mann hatte das Vergnügen, sie in jüngeren Jahren mehrfach zu engagieren. Wir beide bewundern sie außerordentlich, und unsere kleine Montserrat macht ihr eigentlich alle Ehre, denn sie scheint selbst hochmusikalisch zu sein. Aber genau das ist auch der Grund für meinen Anruf.«

Natürlich kannte ich Montserrat Caballé, allerdings eher aus der Zeit, als sie mit dem legendären Freddy Mercury ein Popduett sang – da hatte sie ihren stimmlichen Zenit schon etwas überschritten. Aber eine hochmusikalische Katze …? Das versprach, ein interessanter Fall zu werden.

Ich habe schon Hunderte von Stubentigern kennengelernt, aber mir war in all den Jahren meiner tierärztlichen Tätigkeit (außer im Musical *Cats*) noch keine musikalische Katze untergekommen, und das will etwas heißen!

»Wir haben das Problem mit Montserrat schon eine ganze Weile, und es wird irgendwie immer schlimmer!«, hörte ich Frau Feltin sagen. »Es belastet mich in meinem Beruf als Gesangspädagogin, und mein Mann und ich hatten leider auch schon mehrfach Streit deswegen. Zuerst fand ich es ja ganz putzig, wie sich Montserrat in den Entscheidungsprozess mit einbringt – sie will nämlich mitentscheiden, wem ich Gesangsunterricht gebe und wem nicht.«

»Und wie macht sie das?« Nun war ich doch einmal zu Wort gekommen.

»Na ja, manchmal signalisiert sie ihre Ablehnung schon im Vorgespräch, spätestens aber beim Vorsingen. Sie pin-

kelt direkt gegen den Notenständer, wenn sie eine Gesangsschülerin nicht mag. Aber das größere Problem ist natürlich,
dass sie das auch manchmal macht, wenn ich selbst singe!
Das kränkt mich außerordentlich, wenn Sie verstehen, was
ich meine.«

Ich konnte ein mitfühlendes: »Ach ja, das ist sicher schwierig für Sie!« unterbringen und war ansonsten einfach nur gespannt, wie die Geschichte wohl weiterging.

»Meine kleine Montserrat hat einen speziellen Charakter, ich kann es nur wiederholen. Dafür liebe ich sie ja auch!
Aber dieses Protestpinkeln macht mich manchmal doch sehr
wütend. Vor allem verstehe ich es einfach nicht!«

Von solch einem Verhalten hatte ich allerdings auch noch
nie gehört.

»Welche Symptome zeigt sie denn sonst noch?«, wollte ich
von meiner Anruferin wissen.

»Na ja, da ist noch dieses Kratzen. Sie kratzt auch am Flügel. Nicht nur in den Gesangsstunden, sondern manchmal
eben auch, wenn ich selbst übe. Da kann ich mich manchmal gar nicht zurückhalten, sie macht mich so wütend, dass
ich dann mit Dingen nach ihr werfe. Ich schreie sie in solchen Momenten auch manchmal an«, gestand mir die Sängerin etwas kleinlaut. »Und sie schreit zurück. Mit Aussperren
haben wir es natürlich auch schon probiert, das funktioniert
aber auch nicht. Dann schreit sie erst recht und stört den Unterricht so, dass ich abbrechen muss. Ich hasse sie in diesen
Momenten! Ansonsten ist sie aber eine sehr liebe Katze.«

Natürlich, ach wie lieb!, dachte ich. So lieb wie ein kleines
nerviges Monster!

Meine Fantasie ging wieder einmal mit mir durch. Ich sah Montserrat plötzlich vor mir: eine Siamkatze, die aufmerksam auf dem Flügel sitzt und dem Vorgespräch lauscht, das ihre Besitzerin gerade mit einer Gesangsschülerin führt. Mittendrin hebt sie elegant ihre Pfote, drückt auf einen Buzzer und maunzt mit feiner Stimme: »Eine Runde weiter. Sie darf in den Recall!« Danach schnurrt sie wohlig und wirft ihrer Halterin einen auffordernden Blick zu: »Nun lob mich doch mal, ich mache hier deine Arbeit!«

Aber wehe, jemand ist ihrer Meinung nach untalentiert! Dann springt sie beim Vorsingen vom Klavier, läuft demonstrativ zum Notenständer, pinkelt und knurrt abfällig: »Du bist raus. Keine Runde weiter.«

Die plötzliche Stille riss mich aus meinem Tagtraum. Isabel Feltin hatte aufgehört zu erzählen. Bevor ich mir nun etwas überlegen konnte, kam schon die entscheidende Frage: »Meinen Sie, dass Sie mir helfen können? Eigentlich sind Sie unsere letzte Hoffnung. Mein Mann will, dass wir Montserrat abgeben, weil sie dabei ist, unseren kostbaren Bechstein-Flügel zu ruinieren.«

Jetzt war ich also an der Reihe. Ich erläuterte nun meine übliche Vorgehensweise, und wir vereinbarten einen Termin für ein Anamnesegespräch. Meine Fälle lassen sich nur vor Ort klären, mit allen Beteiligten, in ihrem eigenen Wohnumfeld. Und bislang hatte ich noch jedes Rätsel gelöst. Ich wusste allerdings noch nicht, wie hart die Nuss sein würde, die ich hier zu knacken hatte.

Zwei Wochen später fuhr ich mit meinem Praxismobil zu einer vornehmen Berliner Adresse in Dahlem, in der Nähe der Freien Universität. Meine Klienten wohnten in einer Jugendstilvilla: hellgelb, weiß abgesetzte Fassade mit grauen Fensterläden, Stuck über allen Fenstern, in der Beletage besonders aufwendig gearbeitet, mit Gipsstatuen, die die Balkone im Obergeschoss auf ihrem Rücken trugen. Reines Gründerzeit-Berlin. Ich ging vorbei an kunstvoll geschnittenen Buchsbaumhecken und schönen Rosenbeeten in Richtung Eingangstür, wobei das nicht ganz das passende Wort war: Portal traf es eher.

Ich wurde schon erwartet. Die Hausherrin, schlank, gut aussehend, die braunen Haare zu einem Knoten geschlungen, stand in der Tür und winkte mich mit ausgestreckten Armen heran. Schon während ich die Treppenstufen hinaufstieg, hieß sie mich herzlich willkommen. Ich beglückwünschte sie zu dem schönen alten Haus mit dem üppigen Vorgarten.

Meine Klientin lächelte dazu nur – offenbar war sie solche Kommentare gewöhnt – und bat mich herein. Sie hielt sich nicht mit langen Vorreden auf. Noch in der Eingangshalle, während sie mir die Jacke abnahm, sprudelte sie los. Mit einer Mischung aus Stolz und unterschwelligem Frust schwärmte sie von Montserrat, ihrer »ganz speziellen Katze«, die auch gleichzeitig ihr Sorgenkätzchen sei.

Eine ausdrucksvolle Siamkatze ließ nicht lange auf sich warten. Wie aufs Stichwort erschien Montserrat, um mich zu begutachten. Sie stolzierte um mich herum – und schrie mich an.

Ich bekam den Eindruck, dass sie ebenso gesprächig und extrovertiert war wie ihre Besitzerin. Die beiden brachten mich, jeweils ohne ihren Redeschwall zu unterbrechen, zum Musikzimmer. Hier, im Salon, stand der große Bechstein-Flügel. Der Blick in den Garten war umwerfend.

Montserrat ignorierte die breite Fensterbank und sprang auf den geschlossenen Flügel, wo sie sogleich anfing, sich zu putzen. Ich hätte mich nicht gewundert, wenn jetzt der Pfotenschlag auf den imaginären Buzzer gekommen wäre, aber da war meine Fantasie wohl doch zu lebhaft.

Wir setzten uns an einen mit Intarsien verzierten Teetisch und begannen unser Gespräch.

Montserrat war mit zwölf Wochen vom Züchter geholt worden und war, typisch für diese Rasse, von Anfang an eine sehr gesprächige Katze gewesen, die stets im Mittelpunkt stehen wollte. Eine Siamkatze eben. Die beiden passten zueinander. Das war ganz klar. Nachdem wir den Fragebogen durchgearbeitet hatten, ohne dass ich irgendwelche Anhaltspunkte für das seltsame Benehmen von Montserrat gewonnen hätte, stellte Frau Feltin eine eigenartige Frage: »Ist es vielleicht von Bedeutung, dass Montserrat so gern Oliven frisst?«

Dass das für unseren Fall wichtig war, bezweifelte ich, aber zu Beginn einer Anamnese sammele ich erst mal alle Fakten. Mich interessierte in der Hauptsache, wann und wie Montserrat über die Annahme oder Ablehnung einer Gesangsschülerin entschied. »Schildern Sie mir doch bitte mal einen typischen Ablauf!«, forderte ich die Hausherrin auf.

»Ja, gern. Genau da, wo Sie jetzt sitzen, nehmen meine

angehenden Gesangsschülerinnen Platz. Hier im Musikzimmer führe ich auch schon die Vorgespräche; meine Schülerinnen sind ja keine Anfängerinnen im klassischen Gesang. Ich nehme nur die mit wirklichem Potenzial. Montserrat beobachtet das alles vom Flügel aus, genau wie jetzt. Wenn sie mit der Schülerin einverstanden ist, schaut sie ruhig von mir zu ihr und beginnt zu schnurren. Ich frage sie dann auch, ob wir die junge Sängerin annehmen sollen, und – ob Sie es glauben oder nicht – Montserrat antwortet mit einem kurzen und knappen, aber sehr hohen ›Miau‹.

Dann kommt aber die nächste Klippe. Wenn Montserrat mit dem Vorsingen nicht einverstanden ist, fängt sie an, unentwegt zu schreien. Sie springt vom Flügel direkt auf meinen Schoß und streicht um meine Beine. Dabei ist sie so unruhig, dass man sich kaum unterhalten kann. Sie verlangt von mir volle Aufmerksamkeit, aber es nützt alles nichts! Sie läuft dann demonstrativ zu diesem Flügelbein und fängt an zu kratzen. Sehen Sie die Stellen, wo der schwarze Lack ab ist?« Sie deutete auf das vordere Stützbein.

Ja, das konnte man sogar von unserem Tisch aus sehen, wenn man genau hinsah. Dieses eine Bein des Flügels war ziemlich ramponiert.

»Das ist dann immer der Augenblick, wo ich einer jungen Sängerin so taktvoll wie möglich beibringen muss, dass es mit uns meiner Meinung nach nicht passen wird.« Frau Feltin klang frustriert.

Ich konnte mir vorstellen, dass das eine recht delikate und bisweilen peinliche Situation werden konnte. Ich überlegte, wie es wohl wäre, wenn einer meiner Vierbeiner solche Entscheidungen treffen würde? Dann würde es wohl mit meiner Praxis bergab gehen. Hätte ich überhaupt noch etwas zu tun, oder müsste ich, wenn meine Viecher mal für einen Fall votiert hatten, diesen auch annehmen, egal ob er mich interessierte oder nicht? Heute Abend würde ich mal mit meinen Vierbeinern sprechen müssen.

»Möchten Sie denn etwas daran ändern? Ich habe das Gefühl, dass Ihnen Montserrats Verhalten auch imponiert…«

»Ja, doch, eigentlich schon. Andererseits nimmt die Zahl meiner Schülerinnen immer mehr ab.«

Das wundert mich jetzt nicht mehr, dachte ich bei mir. Wir gingen in Richtung des Flügels, und ich konnte auch die Stelle, an der der bepinkelte Notenständer stand, genau begutachten. Das schöne Eichenparkett war durch den Harn stellenweise bereits aufgequollen. Auch das zerkratzte Bein schaute ich mir noch mal aus der Nähe an. Warum Montserrat die beiden anderen Beine des Flügels verschonte, wollte mir nicht einleuchten.

Ich staunte angesichts der ganzen Misere nicht schlecht. Allerdings glaubte ich nicht an die Geschichte, dass Montserrat nach Sympathie entschied. Das war eine typisch menschliche Interpretation, die mit dem instinktgetriebenen Verhalten einer Katze nichts zu tun hatte. Dieser Fall gab mir Rätsel auf.

Die Beschreibung ihres auffälligen Verhaltens war mir noch nicht detailliert genug. Ich musste herausfinden, welchem Muster diese Katze folgte. So kam mir die Idee, dass einige dieser Vorgespräche mit anschließendem Vorsingen mit einem Camcorder aufgenommen werden sollten. Anders würde ich hier nicht weiterkommen.

Nach kurzem Zögern war Isabel Feltin einverstanden; sie würde versuchen, dies mit den nächsten Bewerberinnen zu besprechen, um ihr Einverständnis zu bekommen.

Wir konzentrierten uns nun auf die Durchführung, besprachen die Einstellungen und den Standort der Kamera. Ihr Mann würde ihr behilflich sein und als Kameramann fungieren.

»Er weiß ja, wie sehr ich an meiner Katze hänge«, meinte meine Klientin. Sie schätzte, dass sie mir binnen zwei Wochen fünf Filme für eine genaue Untersuchung zusenden könnte.

Puh, da lag viel Arbeit vor mir! Jeder Vorstellungstermin dauerte etwa zwanzig bis dreißig Minuten. Andererseits war ich aber auch sehr neugierig geworden.

Fast vier Wochen lang tat sich nichts; dann endlich bekam ich die versprochenen Filme. Dem beiliegenden Brief von Isabel Feltin konnte ich entnehmen, dass es doch nicht so unproblematisch gewesen war, die Einverständniserklärungen von den angehenden Gesangsschülerinnen zu erhalten.

Es war herrlichstes Sommerwetter, deshalb setzte ich mich mit einer großen Schüssel Naturjoghurt und Blaubeeren sowie einem frisch gepressten Orangensaft nach draußen in unsere schattige Holzlaube. Kaum hatte ich mich in meinem bequemen grünen Sitzsack eingerichtet, näherte sich Nachbarskater Charly. Wie so oft, trug er eine Maus im Maul und legte mir diese liebevoll zu meinem Laptop auf den Schoß, so als wollte er sagen: »Hier, stimm dich mal auf deine Arbeit ein.« Mit der toten Maus on top fühlte ich mich bestens vorbereitet auf die Homevideos aus Berlin-Dahlem.

Isabel Feltin schrieb in ihrem Begleitbrief, dass Montserrat vier der fünf Gesangsschülerinnen in ihrer üblichen Art abgelehnt hatte. Eine einzige war weitergekommen. Das erste Video wurde spaßig, als Gesangsschülerin Annabelle, ein junges Mädchen mit langen mittelblonden Haaren – ich schätzte sie auf etwa 18 oder 19 Jahre – mit dem Vorsingen begann. Sie hatte einen glockenhellen Sopran. Erschrocken zuckte sie zusammen, als Montserrat an einer besonders dramatischen Stelle des Liedes – für sie völlig unerwartet – hochfuhr und zu schreien begann.

Die Katze wirkte in diesem Moment sehr unruhig und sprang ihrem Frauchen auf die rechte Schulter. Ich befürchtete in diesem Moment einen Biss, denn sie zeigte sich recht angriffslustig. Dieser blieb jedoch aus, stattdessen schlich Montserrat einmal um den Notenständer herum, markierte ihn mit einem satten Urinstrahl, drehte sich um und kratzte genüsslich am vorderen Bein des Flügels.

Letzteres ging mir durch und durch. Ich besaß selbst ein aus dem Jahr 1914 stammendes Seiler-Klavier aus schwerer Eiche mit güldenem Innenleben. Wenn eine Katze dort Kratzmarkierverhalten gezeigt hätte, wäre ich mit hundertprozentiger Wahrscheinlichkeit an die Decke gegangen. Es reichte schon, dass vor einiger Zeit der Hund einer Bekannten das Bein an meinem geliebten Saxofon gehoben hatte.

Diese erste Szene schaute ich mir mehrere Male hintereinander an. Was genau löste das unerwünschte Verhalten aus?

An welchem Punkt begann es? Ich hatte keine Ahnung und begann schließlich mit dem zweiten Film.

Diesmal war die Gesangsschülerin eine korpulente junge Frau mit großem Resonanzkörper. Sie wirkte sehr sympathisch auf mich. Keine Spur von Aufregung, beim Vorgespräch blieb sie entspannt und souverän. Doch wieder zeigte Montserrat die gleiche Reaktion, als die Anwärterin mitten in ihrem Gesangsvortrag war. Die junge Frau sang jedoch unbeirrt weiter, trotz Katzengeschrei, sogar noch, als die Katze den Urinstrahl gezielt auf einen ihrer Schuhe und dann erst an den Notenständer lenkte. Sie wollte wohl wirklich unbedingt zu dieser Gesangslehrerin ...

Ich schnitt die Szene heraus und verglich sie mit dem ersten Film. Erneut fand ich nichts, was für mich ein Muster ergab. Es war frustrierend.

Das dritte Vorsingen verlief jedoch erfolgreich. Wieder eine kräftige junge Frau, die sich allerdings ein Lied von Schubert ausgesucht hatte und in tieferer Stimmlage sang. Eine wunderschöne Altstimme, ich schloss die Augen und hörte zu. Danach sah ich mir die einzelnen Sequenzen mehrmals an. In diesem Film blieb Montserrat ruhig. Sie drückte nicht den »Buzzer«; vielmehr gab sie ein wohliges leises Miauen von sich und lag die ganze Zeit entspannt zusammengerollt auf dem Flügel.

Nachdem ich auch noch die letzten beiden Filme gesichtet hatte, dämmerte es mir langsam. Montserrat entschied sich gegen die Sängerinnen, die in einer hohen Stimmlage sangen. Nach mehrmaligem Abspielen der vier Szenen, in denen Montserrat augenscheinlich ihr ablehnendes Urteil traf, wurde mir immer deutlicher, dass die Tonhöhe der ausschlaggebende Faktor sein musste. Ich war von meiner Entdeckung wie elektrisiert. Und ich konnte es sogar noch genauer eingrenzen: Montserrat reagierte vor allem auf das dreigestrichene hohe C! Jetzt kam mir zugute, dass ich ein paar Jahre Klavierunterricht gehabt hatte.

Kein Zweifel, es war das hohe C!

Montserrat entschied also nicht nach musikalischen Kriterien, sondern reagierte speziell auf diese Tonfrequenzen gestresst und verunsichert. Und um sich besser zu fühlen, zeigte sie reaktives Harn- und Kratzmarkieren.

Katzen tun dies, wenn ihr imaginäres Sicherheitsnetz, das ihre Wohnumgebung umgibt, Löcher aufweist. Solche Löcher können – wie wir schon gesehen haben – unangenehme Fremdgerüche sein, aber eben auch Geräusche. Ich kannte zwei Katzen, die auf einen schrillen Handy-Klingelton solch reaktives Harnmarkieren zeigten oder ihre Besitzer aus Unbehagen sogar angriffen.

Umgehend rief ich Isabel Feltin an und erläuterte ihr meine Erkenntnisse. Ich mailte ihr die jeweiligen Szenen zum direkten Vergleich. Kurz darauf rief sie zurück.

»Jetzt, wo ich das sehe ... Sie haben recht! Momentan sind vier meiner Schülerinnen tatsächlich Altistinnen, und ich habe zwei tiefe Mezzos ... Ich selbst bin ja lyrischer Sopran, und die abgelehnten Sängerinnen hatten auch alle eine hohe Stimmlage.« Nach einer kurzen Pause fügte sie trotzig hinzu: »Ich will Montserrat aber um mich haben, auch wenn ich singe.«

Einerseits war sie froh, dass wir nun die Ursache gefunden hatten, zugleich schien sie ein wenig betrübt. Diese »ganz spezielle Katze«, der sie ein besonderes musikalisches Einfühlungsvermögen unterstellt hatte, war eben doch eine ganz normale Katze. Sie konnte sich aber nicht vorstellen, wie wir das Problem lösen konnten.

»Ich kann doch in meinen Arien nicht das hohe C auslassen!«

Das wäre tatsächlich ein lustiger Vortrag geworden. Ich konnte mir eine Arie mit akustischen Löchern gut ausmalen und musste unwillkürlich schmunzeln. Aber ich konnte die Sängerin beruhigen. Ich deutete an, dass ich schon Ideen zu einer Lösung des Problems hätte, und wir vereinbarten einen Termin für die folgende Woche. Dann würden wir mit einem speziellen Training beginnen.

Diesmal öffnete mir der Hausherr die Tür. Er begrüßte mich ausgesprochen herzlich, so als würden wir uns schon lange kennen. Er wollte bei diesem Termin unbedingt dabei sein, erzählte er. Er schien hocherfreut über die Aussicht, dass sich mit Montserrat alles wieder einrenken würde. Er hoffte, dass das betroffene Bein seines Bechstein-Flügels in Zukunft verschont bleiben und nach einer Reparatur wieder in schwarzem Glanz erstrahlen würde. Dies alles erzählte er mir auf dem Weg ins Musikzimmer:

»Ich setze große Stücke auf Sie, Frau Doktor Werner! Bitte treten Sie doch ein. Montserrat und meine Frau erwarten Sie bereits.«

Frau Feltin war gerade dabei, Noten zu sortieren. Montserrat hatte es sich wieder auf dem Flügel gemütlich gemacht. Ich wurde stürmisch umarmt. Isabel Feltin dankte mir schon vor Beginn des Trainings, so als hätte ich das Wunder bereits vollbracht. Dabei hatte ich erst mal nur die Diagnose zu bieten. Wir würden erst noch sehen, wie lernfähig die Siamkatze letztlich war. Der Erwartungsdruck war jedenfalls schon mal hoch.

Ich hatte darum gebeten, dass ein Glas Oliven für Montserrat bereitstand. Sie hatte außerdem heute nur wenig zu fressen bekommen, würde also großen Appetit haben. Es konnte losgehen.

Zuerst einmal erklärte ich, was eine klassische Gegenkonditionierung ist, und dann, wie sie in diesem konkreten Fall aussehen würde. Herr und Frau Feltin erinnerten sich schwach an ihren jeweiligen Biologieunterricht und was sie da über Pawlow und seine Fütterungsversuche bei Hunden gelernt hatten.

»Den unangenehmen Reiz, nämlich das hohe C, das zurzeit bei Ihrer Katze aversive Gefühle auslöst, werden wir mit einem sehr starken angenehmen Reiz koppeln, und zwar mit der Olive! Wie gut, dass Sie mir den Tipp gegeben haben, Frau Feltin. Jetzt können wir Montserrats Vorliebe gut ausnutzen. Wir werden das so lange machen, bis das Hören des hohen C bei Montserrat in Erwartung einer Olive Speicheln auslöst.

Vom ersten Erfolg kann man dann sprechen«, fuhr ich fort, »wenn Montserrat künftig beim Erklingen des hohen C speichelt, weil in ihrem Gehirn die Verknüpfung ›hohes C gleich leckere Olive‹ stattgefunden hat.«

Isabel Feltin und ihr Mann starrten ungläubig auf das Glas mit den Oliven: Sie konnten sich nicht recht vorstellen, wie das nun genau ablaufen sollte. Montserrat war inzwischen vom Flügel heruntergesprungen und kratzte an dem Olivenglas, das auf einem kleinen Tischchen stand. Ich deutete auf sie und bemerkte: »Ich denke, Ihre Katze ist bereit.«

Wir starteten unseren Versuchsaufbau. Zunächst bat ich Isabel Feltin ans Klavier. Auf mein Zeichen hin sollte sie das dreigestrichene hohe C anschlagen. Innerhalb von einer halben Sekunde bis maximal eineinhalb Sekunden danach würde sie Montserrat dann ein Olivenstückchen anbieten. Wir hatten die Oliven zuvor in kleine Stücke geschnitten, da Montserrat ansonsten zu schnell satt wäre oder aber bei einer größeren Menge Bauchschmerzen bekommen könnte.

Gesagt, getan. Isabel Feltin nahm ein kleines Stück Olive in die Hand, zeigte es Montserrat, die zunehmend ungeduldiger wurde, schlug das hohe C an und gab ihr unmittelbar darauf das Olivenstück zum Fressen. Das wiederholten wir etwa zehnmal. Danach machten wir eine Pause von einer Viertelstunde, wobei wir die Oliven demonstrativ in die Küche stellten.

Montserrat wurde ruhiger, forderte nichts mehr ein und legte sich auf Herrn Feltins Schoß. Nach der Pause bat ich seine Frau, die Übung zu wiederholen. Jedoch sollte sie dieses Mal das hohe C als einzelnen Ton ansingen und dazu zeitgleich das Olivenstück reichen.

Die Arbeit machte allen Spaß. Montserrat fraß gierig, und ihre Besitzerin hatte ein gutes Zeitgefühl, was bei klassischer Gegenkonditionierung das A und O ist.

Wir besprachen nun noch die Übungsabläufe, die Trainingsfrequenzen sowie mögliche Fehlerquellen und verein-

barten den nächsten Termin. Er sollte in zehn Tagen statt-
finden. Isabel Feltin würde Protokolle zum Übungsverlauf
schreiben und mir nach einer Woche den ersten Bericht
schicken.

Bereits nach vier Tagen täglichen Übens konnte die Gesangslehrerin das hohe C am Flügel anschlagen oder den Ton ansingen, ohne dass Montserrat ihr unerwünschtes Verhalten
zeigte. Wie von mir prophezeit, blieb Mademoiselle ruhig
und fing stattdessen an, in Erwartung eines Olivenstück-
chens zu sabbern. Der erste Etappensieg war erreicht.

Das war jedoch noch längst nicht alles. Ich erklärte Isabel
Feltin, wie es nun weitergehen würde. Als Nächstes bekam
sie die Aufgabe, längere Stellen aus Arien zu singen, in denen
das hohe C vorkam – und wieder nahezu zeitgleich Montserrat ein Stückchen Olive zum Fressen anzubieten. Ich hatte
den Folgetermin bereits drei Tage danach anberaumt und
war nun gespannt, ob es Lernfortschritte gab.

Ich bat die Sängerin, das hohe C anzustimmen, allerdings ohne eine Olive bereitzuhalten. Zu meiner Freude fing
Montserrat augenblicklich an zu sabbern. Die Verknüpfung
im Gehirn hatte also tatsächlich stattgefunden. Isabel Feltin
hatte seit Beginn unseres Trainings keinen Unterricht mehr
gegeben. Das war deshalb wichtig, weil sie nur so unter kontrollierten Bedingungen mit ihrer Katze trainieren konnte.
Ein »Ernstfall« hätte unsere Arbeit gefährdet.

Ich hatte einen Kalksandlochstein mitgebracht. Solche
Steine haben mehrere große Löcher, in die man zum Beispiel
Trockenfutter füllen kann, aber eben auch Olivenstückchen.

Wir füllten die Löcher bis zu einem Drittel mit Trockenfutter und mischten einige Olivenstückchen darunter. Ich erklärte meinen Plan für die Zukunft.

»Sobald Sie wenige Minuten nach Eintreffen einer Schülerin mit dem eigentlichen Unterricht beginnen, stellen Sie Montserrat den gefüllten Kalksandlochstein auf den Boden – am besten einige Meter von Flügel und Notenständer entfernt.«

Montserrat war allerdings eher eine bequeme Katze. Sie wusste, dass sie sich für ihr Futter nicht anzustrengen brauchte, denn es wurde ihr zweimal täglich zu festen Zeiten in die Küche gestellt. Es war ihr offensichtlich zu umständlich, die kleinen Olivenstückchen zwischen dem Trockenfutter herauszuangeln. Also zeigte sie zunächst kein gesteigertes Interesse an dem gefüllten Stein, obwohl wir ihr gezeigt hatten, dass die kleinen kulinarischen Leckereien untergemischt waren.

Ich hoffte, mein Plan würde trotzdem funktionieren. Ganz sicher war ich mir aber nicht.

Isabel Feltin begann mit ihren Tonleiterübungen. Beim hohen C sabberte Montserrat wie erwartet, sprang vom Flügel herunter, rannte zum Stein und machte sich an die mit Futter gefüllten Löcher, um an die Olivenstückchen zu kommen. Ihre Besitzerin hatte sich warm gesungen und stimmte nun nacheinander zwei Arien an, die beide bis zum hohen C gingen.

Sie hatte eine wunderschöne, ausdrucksvolle Stimme. Ich war hin und weg, behielt aber Montserrat im Auge. Diese arbeitete währenddessen unbekümmert an ihrem Stein. Als der letzte Ton der zweiten Arie verklungen war, forderte ich meine Klientin auf, ihrer Katze den Stein wegzunehmen.

Ich war hochzufrieden. Wir hatten es geschafft, nach vorheriger klassischer Gegenkonditionierung erfolgreich ein Alternativverhalten anzutrainieren. Dieses galt es nun noch in der nächsten Zeit zu festigen.

Dafür bekam Montserrat ihre gesamte Tagesration an Futter aus dem Stein angeboten – mit zeitlichen Unterbrechungen und in kleinen Portionen, immer gemischt mit Olivenstückchen. Und natürlich nur, wenn Gesangsschülerinnen da waren. Vormittags kamen üblicherweise zwei, nachmittags und abends kam jeweils eine Schülerin. Da eine Katze, sofern das Futter zur freien Verfügung steht, etwa acht- bis zwölfmal am Tag zum Napf geht, hatten wir hier sogar eine Form der artgerechten Fütterung gefunden.

Isabel Feltin festigte das neue Alternativverhalten von Montserrat nun auch während der »Ernstfälle« konsequent. Sie hatte sich mittlerweile an den Gedanken gewöhnt, dass ihre Siamkatze nicht nach mehr oder weniger musikalischem Talent entschieden hatte, sondern dass es vielmehr ein Ton in einer bestimmten Frequenz gewesen war, der sie stark verunsichert hatte.

Zwei Monate später bekam ich wieder einen Anruf von ihr.

»Liebe Frau Doktor Werner, unser Notenständer, der Parkettboden und das Bein des Flügels bleiben jetzt verschont. Montserrat wirkt viel ausgeglichener, seit sie für ihr Futter arbeiten muss und mehrmals täglich fressen kann. Wir sind so glücklich! Mein Mann hat das Flügelbein reparieren lassen – er ist Ihnen sehr dankbar. Und ich erst! Ich lasse Ihnen zum Dank noch eine Kleinigkeit auf dem Postweg zukommen. Ich hoffe, es gefällt Ihnen.«

Zwei Tage später kam ein Päckchen an. Darin befand sich Isabel Feltins neu erschienene CD – und ein Glas mit gefüllten grünen Oliven.

## 10. Landluft

Nennen wir sie einfach Ariana Roll, jung, geschätzt Ende zwanzig, ehrgeizig, Single, mittleres Management, wahrscheinlich gute Aufstiegschancen in ihrem Unternehmen, viele Überstunden, gutes Gehalt. Sie hatte ihren schwarzen Kater Molotov getauft, Molotov mit *v*. Nach einer mexikanischen Band, deren Musik sie liebte – nicht etwa nach Wjatscheslaw Molotow und den schrecklichen sogenannten Molotowcocktails, die im Krieg mit Finnland 1939 das erste Mal zum Einsatz gekommen waren. Sie bestand auf dieser Unterscheidung.

Molotov hatte ein eigenes Katzenzimmer. Das hatte sich im Vorgespräch luxuriös angehört. Es gibt Kinderzimmer, Arbeitszimmer, Wohnzimmer, Ankleidezimmer, Badezimmer, warum nicht auch ein Katzenzimmer, dachte ich.

Aber weit gefehlt! Was ich vorgeführt bekam, in Ariana Rolls schickem Apartment, war eine Kammer des Schreckens. Sie enthielt zwar lauter Dinge, von denen die Katzenhalterin glaubte, dass sie die Bedürfnisse ihres Katers befriedigen würden, aber ich muss noch immer den Kopf schütteln, wenn ich daran denke, wie Molotov hier sein Leben fristen musste.

Auf geschätzten fünf Quadratmetern standen: ein Kratzbaum, zwei Regale, ein Katzenklo mit Abdeckung und ein mit Teppichresten ausgelegter Transportkorb. Dann gab es noch eine Spielangel und eine kleine graue Plastikmaus zum Aufziehen. Ein altes Kofferradio stand auf der Transportbox und dudelte im Dauerbetrieb vor sich hin. An der Decke hing eine Neonröhre und tauchte den fensterlosen Raum in grelles, blauweißes Licht. Neben dem Katzenklo befand sich ein Eimer, randvoll mit Katzenkot, der Deckel lag daneben, ebenso wie eine dreckige Schaufel. Es stank bestialisch. Hier musste Molotov seit über zwei Jahren leben. Das war fast schon tierschutzrelevant. Ich versuchte, die Fassung zu bewahren.

Seine Besitzerin behauptete, sie habe ihn einsperren müssen, weil er ansonsten nur Blödsinn gemacht habe. Blödsinn in der Küche, im Wohn- und im Esszimmer. Schaurige Dinge wurden mir erzählt: Ihr Kater hätte doch tatsächlich mal Blumenvasen umgeworfen. Und eine Schublade aufbekommen, in der Strickwolle lag. Mit seinen Schandtaten hätte er alles durcheinandergebracht. Einmal sei er sogar an den Vorhängen hochgesprungen, und zweimal habe er am Sofa gekratzt!

Ich habe schon viel gesehen, und es gelang mir, auch in dieser Situation ruhig zu bleiben. Wenn ich etwas zum Guten verändern will, muss ich auf meine Klienten eingehen und versuchen, sie zu verstehen.

»Das ist doch gemein von ihm!«, beharrte die junge Frau auf ihrem Standpunkt und hätte gern gehabt, dass ich ihr beipflichtete. »Ich fand das alles so furchtbar, dass ich ihm ein eigenes Zimmer zum Toben hergerichtet habe. Und trotzdem ist er undankbar! Den ganzen Tag schreit er und springt immer von innen an die Tür und an das Fenster«, beklagte sie sich. »Deshalb habe ich Sie hergebeten. Ich bin ganz verzweifelt. Die Nachbarn haben sich auch schon beschwert. Ich will Psychopharmaka für ihn. Einfach irgendetwas, was Molotov ruhigstellt.«

Bleib ruhig, sagte ich zu mir, du musst dir erst ein Gesamtbild verschaffen.

»Lassen Sie uns doch bitte ganz von vorn anfangen. Warum haben Sie Molotov vor zwei Jahren zu sich geholt?«

»Es war schön, ihn abends mal für eine halbe Stunde mit aufs Sofa zu nehmen, um ihn zu streicheln, aber das geht schon lange nicht mehr. Er beißt immer gleich zu, wenn ich ihn anfassen will«, erfuhr ich. »Aber ich bin ja kein Unmensch, und deshalb würde ich ihn natürlich auch nie abgeben.«

Schade, dachte ich. Ich musste mir die Bemerkung verkneifen, dass Molotov es in nahezu jedem Tierheim besser gehabt hätte. Ehrlich gesagt, wollte ich ihn hier so keinesfalls weiterleben lassen.

Dies war ein sehr schwieriger Hausbesuch. Molotovs Katzenleben würde sich nur verbessern, wenn es mir gelang, einen echten Draht zu seiner Besitzerin zu bekommen.


Mein Vortrag über artgerechte Haltung einer Wohnungskatze fand in ihrem schick gestylten Wohnzimmer statt, und zumindest ich selbst fand ihn sehr gelungen. Zwischenfragen wies ich höflich zurück. Ich war fest entschlossen, dass sich diese völlig verirrte Katzenfreundin ohne Unterbrechungen anhören musste, was ich ihr über vernünftige Tierhaltung zu sagen hatte.

Es wurde ein längerer Monolog. Als ich nach einer geschätzten Stunde fertig war, holte ich erst einmal tief Luft und sagte dann trocken:

»So, jetzt können Sie gerne Ihre Fragen stellen – aber bitte nicht zu Psychopharmaka! Denn das dürfte Ihnen ja nun wohl klar geworden sein, dass keinerlei Indikation besteht, Ihrem Molotov Beruhigungsmittel zu geben. Von mir bekommen Sie die jedenfalls nicht.«

Ich rechnete mit Protest, mit Einwänden. Aber es kam nichts. Kein einziges »Ja, aber…«. Meine Klientin saß völlig regungslos da und schaute zu Boden. Hatte ich mich zu weit vorgewagt? Ich befürchtete, nicht den richtigen Ton getroffen zu haben. Wie konnte ich nur an sie herankommen? Ich wollte, dass die junge Frau ihren Molotov in Zukunft besser behandelte. Dass sie ihrem Kater wieder den ganzen Wohnraum zugänglich machte, dass sie regelmäßig mit ihm spielte und noch vieles mehr änderte.

Während ich über diese Dinge nachdachte, blieb Ariana Roll weiter stumm. Nach einer Weile erhob sie sich, ging ohne Erklärung zur Balkontür und steckte sich draußen eine Zigarette an.

Ich nutzte die Gelegenheit und stand ebenfalls auf, um mich noch mal in Ruhe umzusehen. Das Wohnzimmer war in schönen warmen Farben gehalten; die Wände, die Sitzmöbel, die Lampenschirme auf den Beistelltischchen und der Bodenbelag, alles wirkte klar und aufgeräumt. Nur das heruntergekommene, verdreckte Katzenzimmer passte nicht zur restlichen, penibel sauberen Wohnung, und auch nicht zu dieser selbstbewussten, erfolgreichen jungen Frau.

Als sie wieder hereinkam, hatte sich ihr Gesichtsausdruck verändert. Sie wirkte jetzt kindlicher, hatte etwas Verstörtes an sich. Ich war erstaunt und irritiert und verspürte den spontanen Wunsch, sie vor irgendetwas zu schützen, sie in den Arm zu nehmen.

Fast schüchtern setzte sich Ariana Roll wieder auf ihr Sofa. Sie schlug die Hände vors Gesicht. Nach einer Weile seufzte sie tief und begann dann, von sich zu erzählen, wobei sie mich aber nicht ansehen konnte.

»Ich bin 31 Jahre alt – und habe überlebt. In mehrfacher Hinsicht überlebt. Meine letzte Therapie begann vor sechs Jahren. Inzwischen gehe ich nur noch alle vier Wochen hin. Ja, warum erzähle ich Ihnen das?«

Sie schaute mich jetzt prüfend an, wie ich ihre Worte aufnahm, doch ich blickte sie einfach nur aufmerksam an. Das schien zu reichen, denn sie fuhr fort:

»Ich wurde von meiner alleinerziehenden Mutter oft über Tage in meinem Kinderzimmer allein gelassen, oft ohne Kleidung. Im Winter habe ich gefroren, denn es war kein echtes Zimmer und hatte keine Heizung. Etwas anderes als diese Abstellkammer gab es nicht für mich. Meine Mutter war völlig überfordert mit mir, und ich schrie oft und wurde aggressiv. Ein Teufelskreis. Ich habe eine Erinnerung an eine Begegnung mit einer Nachbarin; die müssen wir im Treppenhaus getroffen haben. Während meine Mutter den Müll wegbrachte, nahm sie mich kurz auf den Arm. So etwas kannte ich gar nicht. Es fühlte sich warm an. Sie sagte, sie hätte ein Geschenk für mich und würde es nachher vor unsere Tür legen. Tatsächlich lag da kurz darauf ein kleiner schwarzer

Stoffpanther, den ich von da an immer ganz doll festhielt und um keinen Preis mehr hergeben wollte. Um es auf den Punkt zu bringen: Ich war ein Opfer von Kindesmisshandlung und Vernachlässigung.

Als Nachbarn irgendwann die Polizei informierten, brachen die Beamten unsere Tür auf. Ich erinnere mich noch wie heute an den Riesenschrecken, den ich damals bekam. Aber es war auch eine nette Polizistin dabei, die mich in eine warme Decke hüllte und auf dem Arm nach draußen trug. Ich kam noch am selben Tag in eine Pflegefamilie, später wuchs ich im Heim auf. Zu Hause hatte mich meine Mutter oft mit Beruhigungsmitteln ruhiggestellt. Später im Heim reagierte ich auf Zuwendung jeglicher Art immer sehr aggressiv.«

Ich konnte zunächst gar nichts sagen, dafür war ich zu erschüttert von dem, was Ariana Roll mir anvertraut hatte. Was stecken doch manchmal für menschliche Schicksale hinter den Schicksalen ihrer Haustiere.

»Molotov, das sind Sie, nicht wahr«, fragte ich sanft.

Sie schluchzte auf, und dann war es, als wenn ein Damm gebrochen war. Sie weinte sich Kummer und Schmerz von der Seele. Ich setzte mich zu ihr aufs Sofa und hielt einfach nur ihre Hand. So saßen wir einige Minuten weinend und schweigend da.

»Molotov soll nicht so lange leiden wie ich damals«, bat sie mich, nachdem sie sich wieder etwas beruhigt hatte.

Plötzlich fielen mir Eva und Bernd vom Hofladen in unserem Nachbardorf ein. Wir waren seit Längerem befreundet. Ich kaufe dort immer Gemüse, Obst und Honig ein. Ihr Hofladen war so, wie man sich das vorstellt: mit frischen Produkten und freundlichen Menschen und kleinen Kindern, die auf dem Hof spielten. Der alte Hofkater dort war vor einem Monat mit fast 18 Jahren gestorben, und nun brauchten Eva und Bernd einen neuen Mäusefänger.

Molotov auf einem Biohof? Es wäre einen Versuch wert. Ich erzählte Ariana Roll von meiner Idee. Der Gedanke, Molotov abzugeben, war nicht einfach für sie, aber ich spürte, dass sie eigentlich dazu bereit war. Natürlich hatte sie Einwände, es flossen auch wieder Tränen.

»Er wird draußen doch nicht klarkommen. Er kennt das alles doch gar nicht.«

Ich schwärmte ihr vom Landleben vor, das Molotov dort erwartete.

»Wir könnten es ja mal ausprobieren, wenn Sie einverstanden sind. Von Ihnen aus ist der Hof in einer Dreiviertelstunde zu erreichen.« Allmählich fand auch sie Gefallen an der Idee, und als ich fragte: »Wollen wir kommende Woche dort gemeinsam hinfahren?«, nickte sie.

Zu Hause angekommen, telefonierte ich mit meinen Freunden. Eva und Bernd waren bereit, sich Molotov anzusehen. Was dann am darauffolgenden Sonntag passierte, rührte uns alle sehr.

Ariana Roll und ich hatten uns vor dem Hofladen verabredet. Sie war pünktlich und hatte ihren Kater in seinem Transportkäfig dabei. Ich machte zunächst die Zweibeiner miteinander bekannt, die Begrüßung war auf beiden Seiten herzlich. Als Erstes machten wir einen ausgedehnten Rundgang über das Hofgelände und ließen Molotov dabei noch im Auto. Hinter dem Hof lagen die Weideflächen, wo Bernd und seine Frau Angus-Rinder züchteten. Dazu betrieben sie einen kleinen Reiterhof mit Haflingern. Schließlich setzten wir uns ins Wohnzimmer des Wohnhauses. Die Terrassentür stand weit offen und ließ eine laue Sommerbrise herein, der Katzenkorb mit Molotov stand nun zu unseren Füßen. Bei Kaffee und Kuchen beratschlagten wir und kamen zu der Entscheidung, dass Molotov selbst wählen sollte, ob er lieber draußen oder drinnen bei uns war.

Ariana Roll war verständlicherweise zögerlich. Ich ermunterte sie, das Gitter zu öffnen und ihren Kater aus dem Korb zu lassen. Schließlich fasste sie sich ein Herz.

Molotov kam sofort heraus, schlich uns allen um die Beine und schnurrte. Mit erhobenem Schwanz untersuchte er das Wohnzimmer, probierte das bereitgestellte Katzenklo aus und setzte sich dann an die geöffnete Terrassentür.

Genauso hatte ich mir das vorgestellt. Auf der Terrasse flatterte ein Schmetterling herum, und auf der Balustrade hüpften Spatzen hin und her. Was dem kleinen schwarzen Panther jetzt wohl durch den Kopf ging? Offenbar der Wunsch, dieses unbekannte, aber spannende Gelände, das sich vor ihm auftat, zu erkunden, denn gleich darauf lief er wie selbstverständlich über die Terrasse nach draußen. Er sprang auf den erstbesten Heuballen und streckte sich genüsslich darauf aus. Es wirkte ganz so, als würde er das alles schon seit Langem kennen.

Dabei hatte er in seinem ganzen Katzenleben noch nie Gras, Erdboden oder gar Heu unter den Samtpfoten gespürt!

Wir waren alle aufgestanden und beobachteten Molotov

nun von der Terrasse aus. Er saß einfach bloß auf dem Heuballen und sah sich um. Aber seine Ohren waren permanent
in Bewegung und verrieten, dass er aufgeregt war. Ob er wohl
schon seine erste lebendige Maus piepsen hörte?

Szenenwechsel: zwei Wochen später. Ich machte wieder einmal meine üblichen Einkäufe bei Eva und Bernd, als der
kleine schwarze Panther um die Ecke bog und mich an-
stupste. Ich freute mich über unser Wiedersehen, da erst bemerkte ich die tote graue Maus in seinem Fang. Ich lobte
Molotov ausgiebig dafür, aber das reichte ihm offenbar nicht.
Er kam mir nach in den Hofladen und stupste mich immer
wieder an, lief schließlich aus dem Hofladen hinaus. Gleich
darauf kam er wieder herein, dann rannte er wieder durch
die Tür und setzte sich abwartend draußen hin. Er schaffte
es tatsächlich, mich neugierig zu machen.

Was ich dann sah, habe ich noch bei keiner anderen Katze
beobachten können. Molotov lief mit der toten Maus im
Maul zur Terrassentür, wo sein Futterteller stand und legte
seine Beute auf den Teller. Er nahm sie wieder herunter, prä-
sentierte sie mir und legte sie danach erneut ganz gezielt auf
dem Teller ab. Eva war uns aus dem Laden nachgegangen.
Sie lachte.

»Es gibt Tage, da liegen auf dem Teller bis zu vier Mäuse.
Wir haben schon überlegt, ob das seine Form von ›danke
schön‹ ist. Kann das sein, Ulrike?«

Was sollte ich darauf schon sagen? Ich überlegte und
meinte dann: »Wollen wir ihn nicht einfach ›Felix, den Glücklichen‹ nennen?«

## II. Das Dixi-Klo in Kreuzberg

Ihre Nachbarn hatten mich im Internet gefunden und Petra Rentschler nahegelegt, mich zu kontaktieren, denn der Gestank nach Katzenpipi, der aus ihrer Wohnung drang, zog bereits ins Treppenhaus und über den Balkon.

Im Vorgespräch hatte sie mir gebeichtet, dass sie schon lange keinen Besuch mehr bekam, und auch, dass sie sich für ihre Katzen schämte. Sie bat um einen Abendtermin, weil sie als Chefsekretärin beruflich sehr eingespannt sei. So fuhr ich also eines Abends gegen 18 Uhr nach Kreuzberg und fand mich nach längerer Parkplatzsuche vor einem typischen Jugendstilaltbau wieder. Unten im Treppenhaus waren die alten Kacheln noch erhalten geblieben. Einen Fahrstuhl gab es nicht; ich begab mich also zu Fuß in den vierten Stock.

Als die Wohnungstür mit den alten Buntglasscheiben geöffnet wurde, stand mir eine gepflegt wirkende Mittvierzigerin gegenüber. Petra Rentschler hatte mittelblonde volle Haare, die ihr locker auf die Schultern fielen. Sie war stark parfümiert und trug anscheinend noch ihre Bürokleidung, eine helle Chiffonbluse und eine Bundfaltenhose. Sie wirkte angespannt, lächelte mich etwas unsicher an und entschuldigte sich, dass sie noch nicht aufgeräumt hätte, sie sei gerade erst aus dem Büro zurückgekommen. Ausgerechnet heute habe sie länger bleiben müssen. Wie aus dem Ei gepellt, dachte ich bei mir und versuchte, diese Feststellung mit dem scharfen Geruch zusammenzubringen, der mir schon auf dem Treppenabsatz entgegengeschlagen und hier in der Wohnung fast nicht auszuhalten war. Hastig zog die Katzenfreundin ihre High Heels aus, stellte sie an die Garderobe und schlüpfte in bequeme Hausschuhe.

In dem langen Altbauflur lag ein dekorativer Teppichläufer, eine Art Kelim, der in der Anschaffung sicher nicht preiswert gewesen war. Überhaupt machte die gesamte Einrichtung einen hochwertigen Eindruck. Frau Rentschler bat mich ins Wohnzimmer, das sie hell und modern eingerichtet hatte, abgesehen von ein paar schönen alten Schränken, die vermutlich Erbstücke waren. Eine Wohnung, in der man sich als Gast eigentlich hätte wohlfühlen können – wäre da nicht dieser beißende und stechende Geruch gewesen, der Geruch von Ammoniak. Schon nach kurzer Zeit brannten und tränten mir die Augen, ich fühlte mich fast wie in einem Raubtierkäfig.

Es dauerte nicht lange, da kamen die »Raubtiere« auch schon angelaufen. Frau Rentschler stellte ihre drei Lieblinge vor: Emmi, Susi und Mausi, drei hübsche Hauskatzen im Alter von vier bis sechs Jahren. Kaum strich die erste um meine Beine, da fingen die anderen beiden sofort an zu fauchen und zu kämpfen. Keine wollte der anderen den Vortritt lassen.

Ich ließ mir die großzügige Dreizimmer-Altbauwohnung zeigen, den Lebensraum von Emmi, Susi und Mausi. Ich wollte sehen, wo die Katzen ihre Versteckmöglichkeiten hatten, wo sie schliefen, kratzten, spielten, fraßen und tranken.

Die Gründe für den Gestank wurden mir schnell klar. Emmi, Susi und Mausi pinkelten überall in die Wohnung, in jedes Zimmer! Teppiche, Badvorleger, Sofa, Sessel, Bett, nichts ließen sie aus. Petra Rentschler kam mit dem Putzen und Waschen nicht mehr hinterher; sie hatte aufgegeben.

Auch mehrere Beratungsgespräche mit ihrem Haustierarzt hatten keine Lösung gebracht. Erst durch die Initiative der Nachbarn hatte sich die geplagte Katzenbesitzerin schließlich überzeugen lassen und eingesehen, dass sie jemanden wie mich brauchte. Eine Verhaltensexpertin war ihr letzter Hoffnungsschimmer.

Wie ich dem Fragebogen entnommen hatte, litten zwei der Katzen, Emmi und Mausi, unter immer wiederkehrenden Blasenentzündungen. Beide waren seit fast zwei Jahren unsauber, was bedeutete, dass sie ihren Urin fröhlich außerhalb des Katzenklos absetzten. Ich frage mich oft, ob Katzenhalter besonders tolerant oder doch eher extrem leidensfähig sind. Ebenfalls dank des Fragebogens wusste ich bereits, dass ihren Katzen nur eine Katzentoilette zur Verfügung stand.

»Kann ich die auch mal sehen?«, fragte ich.

»Ja natürlich, kommen Sie bitte mit«, meinte Frau Rentschler und ging ins Bad voran. Neben der Waschmaschine stand ein großes Behältnis. Sie deutete voller Stolz darauf.

Wow! Oder besser: Oje!

Da stand eine weiße Katzentoilette aus hochglänzendem Material, mit Haube, eingebautem elektrischem Geruchsentferner sowie Ventilator. Die Luxusausführung einer Katzenbedürfnisanstalt – mit Silikatstreu, Duftrichtung Lavendel. Auf der Rückseite war eine praktische Halterung angebracht, an der sich nach dem Entfernen der Klumpen die Schaufel anhängen ließ.

»Ich habe das Beste vom Besten gekauft, aber sie benutzen sie leider nur selten«, klagte die Katzenbesitzerin.

In der Tat ein schickes Teil, aber um Himmels willen – wusste Frau Rentschler nicht, was sie ihren Katzen damit antat?

Katzen haben einen stark ausgeprägten Geruchssinn und ein großes Sauberkeitsbedürfnis. Sie beschäftigen sich normalerweise mehr als ein Drittel ihrer wachen Zeit mit Körperpflege. Wie kam die Haustierindustrie nur auf die absurde Idee, dass der Gattung Felidae so etwas gefallen könnte? Vermutlich ging es ihr eher um die Besitzer, die dafür kräftig in die Tasche langen sollten.

So gern hätte ich einmal tief durchgeatmet, aber das verbot sich in dieser Wohnung. Ich versuchte die ganze Zeit schon, nur flach zu atmen. Am liebsten hätte ich die Luft angehalten. Auf einmal kam mir in den Sinn, wie es wohl wäre, wenn man sich mit anderen ein Dixi-Klo auf einer Baustelle teilen müsste, und das jeden Tag!

Puuh! Ich schüttelte mich unwillkürlich. Man weiß ja von Stadtfesten und ähnlichen Gelegenheiten, wie es in so einem Dixi-Klo riecht. Und selbst die neueren Modelle, die inzwischen ein integriertes Entlüftungssystem mit biologisch abbaubarem Sanitärkonzentrat haben, sind immer noch ein Örtchen, das man möglichst schnell wieder verlässt.

Wir hatten den Rundgang beendet, und ich hatte mir im Stehen Notizen gemacht. Nun ging es darum, sich zusammenzusetzen, wobei das mit dem Setzen so eine Sache war. Ich hätte auf dem Sessel im Wohnzimmer Platz nehmen können, aber ich zögerte, was wohl verständlich war. Petra Rentschler verstand jedenfalls. Sie holte ein großes frisches Frotteehandtuch, faltete es doppelt und legte es auf die Sitzfläche. So abgesichert, nahm ich Platz, und wir besprachen den Anamnesebogen und vertieften uns in die Einzelheiten, die das Zusammenleben der Dreier-Pinkelbande bestimmten. Meine verhaltensmedizinische Diagnose stand schnell fest.

»Unsauberkeit nach wiederkehrenden Blasenentzündungen mit Entwicklung einer Substratpräferenz bei suboptimalem Toilettenmanagement«.

Die offizielle Diagnose klang zwar eindrucksvoll, half Petra Rentschler aber so noch nicht weiter. Ich erläuterte ihr den Befund.

»Immer wiederkehrende Blasenentzündungen sind bei Katzen unter zehn Jahren in der Regel stressbedingt. Vielleicht kennen Sie den Spruch: ›Die Katze weint durch die Blase.‹ Tatsächlich ist im konkreten Fall von Emmi, Mausi und Susi nicht zu übersehen, dass es hier in Ihrer Wohnung gehörigen Stress gibt. Die drei Katzen mögen sich nicht. Sie haben täglich aggressive Auseinandersetzungen und versuchen, sich in diesem Revier irgendwie zu arrangieren. Für drei Katzen ist so eine Wohnung ein kleines Revier, in dem sie sich schlecht aus dem Weg gehen können. In der freien Natur gäbe es da gar keine Probleme.«

Ich redete mich langsam in Rage.

»So weit, so schlecht. Emmi und Mausi haben also stressbedingte Blasenentzündungen entwickelt. Infektiös sind diese nicht, weshalb auch keine Antibiotika helfen. Sie sind aber sehr schmerzhaft! Die betroffenen Katzen brauchen im akuten Stadium der Erkrankung immer Schmerzmittel.«

Petra Rentschler, die aufmerksam zuhörte, stimmte mir zu: »Emmi und Mausi haben bis zu viermal jährlich so eine Entzündung. Aber was kann man dagegen tun, außer Schmerzmittel geben? Das ist wirklich jedes Mal stressig, auch für mich!«

»Das kann ich mir lebhaft vorstellen. Aber wir kriegen die Sache schon in den Griff, warten Sie nur ab! Ich will Ihnen erst mal erklären, was da immer wieder in Gang kommt: Also, Ihre Katzen haben eine akute Blasenentzündung. Nun gehen sie also auf ihr Klo und wollen Harn absetzen. Vielleicht erinnern Sie sich daran, wie weh eine Blasenentzündung tut?«

»Oh ja, das ist unangenehm.«

»Das ist scheußlich. Das ist ungefähr so, als würde eine Rasierklinge in der Harnröhre stecken.«

Frau Rentschler, die mir gegenüber auf dem Sofa saß, nickte bestätigend. Ich erklärte weiter: »Wir als Menschen würden nicht unseren WCs die Schuld an diesem Schmerz geben – wir können ja logisch denken! Die Katze dagegen verknüpft diese Schmerzen mit dem Ort, an dem sie sich befindet, und mit dem Substrat, auf dem sie gerade hockt.

Weil sie beides für die Schmerzen verantwortlich macht,

meidet sie diesen Ort und diesen Untergrund künftig. Sie sucht sich einen anderen Ort, etwa das Wohnzimmer, sowie einen anderen Untergrund, etwa Textilien, Teppich oder Sofa.«

Petra Rentschler blickte nachdenklich zu ihren Katzen; ich fuhr mit meiner Erläuterung fort. »Und nun passiert etwas ganz Typisches. Die Katze, die unter Schmerzmitteln steht, stellt auf einmal fest, dass ihr der Harnabsatz auf dem Wohnzimmersofa nicht wehtut. Ihr Hirn speichert die neue Erfahrung ungefähr so ab: ›Juchhu! Pinkeln auf dem Sofa oder Pinkeln auf dem Teppich ist schmerzfrei!‹ Von da an uriniert Ihre Katze dann nur noch auf textilem Untergrund und hat so eine sogenannte Substratpräferenz gegenüber Textilien entwickelt.«

Gegen die bestehende Toilettensituation hatte ich noch deutlich mehr einzuwenden. Wer sich drei Katzen anschafft, sollte eigentlich einiges über seine Haustiere wissen, aber bei dieser Klientin konnte ich scheinbar wenig voraussetzen. Ich holte also etwas weiter aus und erklärte ihr das normale Ausscheidungsverhalten einer Katze, welches sie im Freien und damit in ihrem natürlichen Lebensraum an den Tag legt – nicht in dem eigentlich viel zu kleinen Revier einer Dreizimmerwohnung.

»In freier Wildbahn setzt die Katze Kot und Harn an verschiedenen Orten ab und nicht immer am selben, was auch gut so ist, denn sonst würde ihr Haufen schnell in den besagten freien Himmel wachsen. In einem ›un-natürlichen‹ Lebensraum, wie es die menschliche Wohnung nun einmal ist, braucht jede einzeln gehaltene Katze folgerichtig mindestens zwei Katzentoiletten – und zwar zwei, die so weit wie möglich voneinander entfernt stehen. Und diese Toiletten sollten sozusagen unter freiem Himmel stehen, was bedeutet, dass sie keine Haube haben dürfen. Für die hochempfindliche Katzennase ist es schlimm, durch eine Schwingtür hindurch in eine solche Hauben-Höhle – oder sollte ich besser sagen Hauben-Hölle? – zu müssen.

Aber, liebe Frau Rentschler, Ihre hochmoderne Luxustoilette hat noch mehr Schrecken zu bieten: Dazu zähle ich auch den Lärm des Motors, der den elektronischen Geruchsentferner und den Ventilator antreibt. Der stört schlicht beim Pinkeln!«, sagte ich lapidar.

»Wenn dann noch solche Zusätze wie Babypuder, Lavendelduft oder Parfüm die Luft schwängern, ist das für Ihre Katze auch keine Freude! Diese künstlichen Aromen sind natürlich für uns Menschen gemacht; Katzen mögen solche Gerüche in ihrer Toilette ganz bestimmt nicht! Und schließlich ist da noch die Silikatstreu – ein völlig unnatürlicher Untergrund, der an den Katzenballen kribbelt, sobald er feucht wird. Hätten Sie gern kribbelige Fußsohlen, weil Sie auf Kies stehen, während Sie Ihr Geschäft verrichten? Sehen Sie?

Und dann hängt, ach wie praktisch, auch noch eine benutzte Schaufel mit Kot- und Urinresten in einer Halterung hinten an der Toilette. Ich sage dazu nur: ›Willkommen im Dixi-Klo, wo das gebrauchte Toilettenpapier der Vorbenutzer meist auch noch herumliegt.‹

Ich will Ihnen nicht zu nahe treten, aber das sind nun mal die Tatsachen: Ihre Emmi, Mausi und Susi, die sich sowieso nicht leiden konnten, müssen sich auch noch eine einzige Hauben-Höhlen-Hölle teilen, um ihre Notdurft zu verrichten. ›Suboptimales Toilettenmanagement‹ ist in diesem Fall noch freundlich ausgedrückt. Katastrophales Toilettenmanagement trifft es eigentlich besser. Und Sie sehen ja auch, wohin Sie das gebracht hat.«

Petra Rentschler war ganz still geworden, aber meine Botschaft war angekommen.

»Das habe ich alles nicht gewusst. Sagen Sie mir bitte, was ich machen soll.«

Das tat ich dann. Ich machte eine einfache Rechnung auf: Die Mindestanzahl an Katzentoiletten ist immer die Anzahl der Katzen plus eins, jedoch auch nur dann, wenn die Katzen kein Problem haben und nicht gestresst sind. Emmi, Susi und Mausi hatten aber reichlich Probleme und Stress untereinander. Nach Standardberechnung müssten vier große, offene Katzentoiletten ohne Hauben, mit parfümfreiem, feinkörnigem Klumpstreu her. Dies würde im Moment aber nicht genügen.

Ich stellte Petra Rentschler vor die Wahl: bepinkeltes Mobiliar oder mehrere einfach zu reinigende Toiletten in jedem Zimmer. Sie entschied sich, schweren Herzens, für Letzteres.

Ich kam auf fünfzehn Katzentoiletten: drei unsaubere Katzen mal fünf – eine nicht unübliche Anzahl bei einem solch massiven Problem. Petra Rentschler sah mich mit großen Augen an, das musste sie erst einmal sacken lassen. Das würde eine regelrechte WC-Invasion werden! Sie versuchte es noch mit Herunterhandeln, aber ich bestand auf fünfzehn Behältnissen.

»Ich kann Ihnen versprechen, dass wir nur vorübergehend derart aufstocken müssen. Aber nur so lösen wir das Pinkelproblem! Der Kostenfaktor ist nicht so hoch. Es genügt, wenn Sie einfache Plastikboxen aus dem Baumarkt holen.«

Meine Klientin fügte sich in das Unvermeidliche, ihr Leidensdruck war hoch genug. Sie wollte wieder Besuch bekommen können und hoffte auch auf ein besseres Verhältnis zu ihren Nachbarn.

Doch zunächst mussten wir noch das Platzproblem lösen: Wohin stellt man so viele Katzenklos in einer Dreizimmerwohnung? Ein regelrechter Lageplan musste her; wir erstellten zusätzlich eine Excel-Tabelle, denn Frau Rentschler sollte mir Toilettenprotokolle zusenden. Alle zehn Tage wollte ich nachlesen, wie sich die Situation entwickelte; welche Katze welches Klo benutzte, in welchem Klo Urin, in welchem Kot abgesetzt wurde. Welches Klo wurde wie oft benutzt? Welche Toilettenangebote wurden ignoriert? Wo und wann gab es ›Pinkelunfälle‹?

Meine Klientin hatte jetzt viel zu organisieren. Ein zweiter Hausbesuch, bei dem wir weitere Maßnahmen besprechen wollten, die ein harmonischeres Zusammenleben der Katzen ermöglichen sollten, würde später folgen. Für die Grundreinigung der Wohnung empfahl ich eine Profifirma, die sich auf solche schwierigen Fälle spezialisiert hatte.

Fast vier Stunden hatten wir zusammengesessen. Als ich wieder auf der Straße stand und mir die normale Berliner Luft, gewürzt mit einer ordentlichen Portion Autoabgase, um die Nase wehte, empfand ich das wie Balsam. Doch der scharfe

Geruch aus der verpinkelten Wohnung hatte sich in mein olfaktorisches Gedächtnis eingebrannt. Obwohl ich auf Spaziergängen mit meinen Hunden, draußen vor den Toren der Stadt, nun wieder reichlich frische Luft einatmen konnte.

Als ich zu meinem Auto kam, ärgerte ich mich: Ich hatte trotz der späten Stunde ein Knöllchen kassiert – der Parkzettel war eine Stunde zuvor abgelaufen. Dafür kam ich aber zügig nach Hause. Als ich aus meinem Kastenwagen ausstieg, kam unser Kater Paule angelaufen und begrüßte mich, wie so oft, stolz mit einer Maus im Maul. Dann verschwand er im Wald hinter unserem Haus, nicht ohne vorher einen satten Strahl Urin gegen einen meiner Autoreifen gespritzt zu haben.

Ich steckte meine Klamotten in die Waschmaschine und stand lange unter der Dusche. Der Bericht für den niedergelassenen Kollegen, bei dem Emmi und Mausi in Behandlung waren, würde bis morgen warten müssen.

Noch Tage später stieg die Erinnerung an den Geruch aus der verpinkelten Katzenwohnung in mir hoch. Wie hatte Petra Rentschler nur so lange damit leben können? Wie hatten ihre Katzen so lange damit leben können?

Unser optimiertes Toilettenmanagement zeigte bald Wirkung. Bereits nach drei Wochen kristallisierte sich heraus, welches Klo von welcher Katze zu einem Urin-Klo erklärt wurde und welche Katze wo bevorzugt Kot absetzte. Nach weiteren sechs Wochen konnten wir die Anzahl der Behältnisse auf sieben reduzieren. In der gesamten Zeit hatte es nur zwei Pinkelunfälle gegeben, und die ließen sich sogar erklären. Einmal hatte Susi einen Schreck bekommen, als ein angelehntes Fenster zuklappte. Sie war unters Bett gerannt und hatte dabei Urin verloren. Ein anderes Mal entdeckte meine Klientin Urinflecken im Wohnzimmer, direkt neben zwei Katzenklos. Das war passiert, während sie mit einer Freundin ein verlängertes Wochenende an der Ostsee verbracht hatte. Die Klos waren dem Empfinden der Katzen nach in dieser Zeit einfach zu dreckig geworden. Also wurde daneben gepinkelt.

Meine Klientin erwies sich als ausgesprochen dankbar für die neue Reinlichkeit ihrer drei Lieblinge. Sie konnte ihr Glück kaum fassen, wie sie mir zwischendurch immer wieder auf dem Band hinterließ.

Ich hatte das gesamte Maßnahmenpaket im Übrigen auch medizinisch begleitet und den beiden »Hauptverdächtigen« Mausi und Emmi unterstützende Medikamente verordnet, die wir aber bereits nach fünf Monaten wieder ausschleichen und schließlich absetzen konnten.

Etwa ein Jahr später schickte mir Frau Rentschler kurze Videos von ihren drei Lieblingen. Ich staunte, als ich sah, wie diese in einem Garten nach Blättern jagten, unter einer Hecke ruhten und genüsslich an einer Tanne kratzten. Sie war umgezogen, in ein kleines Reihenhaus mit Garten am Rande Berlins. Emmi, Susi und Mausi waren zu Freigängern geworden. Eine Katzenklappe an der Terrassentür sorgte dafür, dass sie nach Herzenslust ins Haus hinein oder hinaus ins Freie konnten.

Auf meine Nachfrage berichtete meine frühere Klientin, dass alle drei Katzen in näherer Umgebung des Hauses sowohl Kot als auch Harn absetzten und in diesem natürlichen Lebensraum ihr Revier markierten. Im Haus hatte sie nur noch zwei Klos, die aber selten benutzt wurden. Pinkelunfälle hatte es nicht mehr gegeben. Ich schaute mir die Videos mehrfach an und sah drei Katzen, die sich stressfrei aus dem Weg gehen konnten, ein gesundes Ausscheidungsverhalten zeigten und offensichtlich sehr zufrieden waren.

Und ich war es auch.

## 12. Mein kürzester Hausbesuch

Sehr geehrte Frau Doktor Werner,
ich kann Sie telefonisch leider nicht erreichen, und ich mag keine Anrufbeantworter. Mein Kater heißt Carlo und ist sieben Monate alt. Seit drei Tagen gibt er ständig klagende Laute von sich, er will kaum noch etwas fressen und hat so einen irren Blick. Er bewegt sich auch ganz komisch und fällt öfter um. Mal auf die eine und dann auf die andere Seite. Dabei zuckt sein Hinterteil so seltsam. Spielen mag er auch nicht mehr. Er ist sehr unruhig und schreit viel. Ich mache mir große Sorgen, bitte melden Sie sich schnell. Ich bin tagsüber telefonisch gut zu erreichen unter ...
Mit besten Grüßen, Sandra Mutschler

Der junge Kater Carlo schien ein ernsthaftes neurologisches Problem zu haben, so mein erster Eindruck, als ich diese Mail las. Ich rief Frau Mutschler umgehend zurück. Eine meiner Standardfragen stellte ich gleich zu Beginn unseres Telefonats:
»Waren Sie schon bei Ihrem Haustierarzt?«
»Nein, ich habe keinen. Ich bin erklärte Impfgegnerin, und Carlo war bislang noch nie krank. Wieso hätte ich da zum Tierarzt gehen sollen?«

Frau Mutschler klang sehr entschieden. Noch bevor ich etwas erwidern konnte, fuhr sie fort: »Und das ist bestimmt etwas Psychisches, Sie sind also genau die Richtige für meinen Carlo.«

Davon war ich bei diesen Symptomen ganz und gar nicht überzeugt. »Ich halte es für besser, wenn Sie Ihren Carlo direkt zum Tierarzt bringen, damit er allgemeinmedizinisch und neurologisch untersucht werden kann. Ich kann Ihnen ansonsten auch eine Praxis empfehlen, die sich auf neurologische Fälle spezialisiert hat.«

Damit war meine Gesprächspartnerin aber überhaupt nicht einverstanden.

»Nein, Frau Doktor, ich glaube, ich kenne den Unterschied zwischen neurologischen und psychischen Erkrankungen, und das hier ist definitiv eine schwere Psycho-Macke. Geben Sie mir bitte schnell einen Termin.«

Ich ließ mich darauf ein, verlangte aber, dass sie den verhaltenstherapeutischen Fragebogen detailliert ausfüllen und ihn mir spätestens am Folgetag per Mail zusenden sollte. Einen Termin konnte ich ihr schon zwei Tage später anbieten.

Ich bereitete mich, soweit überhaupt möglich, auf die Anamnese vor, nahm aber auch Visitenkarten von spezialisierten Kollegen mit, weil ich von der Notwendigkeit weiterführender Untersuchungen ausging.

Sandra Mutschler wohnte im fünften Stockwerk eines Neuköllner Altbaus, es gab keinen Fahrstuhl. Die Arme, dachte ich, da muss sie die Katzenstreusäcke aber eine Menge Treppen hochschleppen. Als ich oben ankam, stand die Katzenmama schon in der Tür und zog mich mit den Worten »Kommen Sie schnell rein!« in ihre Wohnung.

Zum Händeschütteln kamen wir nicht. Offensichtlich war Sandra Mutschler um die Gesundheit ihres Katers sehr besorgt und wollte keine Sekunde verlieren. Sie ließ mir noch nicht einmal die Zeit, meine Jacke abzulegen, sondern schob mich sofort ins Wohnzimmer. Es war nicht besonders groß, das sah ich noch auf die Schnelle, aber bevor ich mich genauer umschauen konnte, wurde mein Blick von einer hübschen Katze angezogen, die sich über den Teppich rollte, mir ihr Hinterteil darbot und laut maunzte. Ich hockte mich zu ihr, kraulte ihr den Rücken und fragte dabei:

»Und wo ist Ihr Kater Carlo? Wo hat er sich versteckt?«

Frau Mutschler schaute mich in diesem Moment an, als wäre ich ein kleiner rosa Elefant, der durch ihr Wohnzimmer flog.

»Möchten Sie ein Glas Wasser? Ist alles in Ordnung?«

Jetzt schaute ich sie meinerseits verwundert an. Ich versicherte ihr, dass es mir gut ginge, und hakte nach: »Wo ist Carlo denn nun?«

»Verdammt nochmal!« Meine Klientin stemmte ihre Arme in die Hüften, der Busen wogte unter dem grob gestrickten bunten Pulli, und obwohl sie nicht sehr groß war, erschien sie mir plötzlich raumfüllend. Ich war irritiert. Warum war sie bloß so wütend?

»Na, das ist doch mein Carlo! Nun tun Sie doch was!«

Ich musste auf einmal laut lachen, denn nun hatte ich begriffen, was hier passierte. »Liebe Frau Mutschler ...«, ich konnte noch immer nicht aufhören zu lachen. »Entschuldigung, aber jetzt muss ich mich erst mal setzen!« Eine Antwort wartete ich gar nicht erst ab und erklärte freudestrahlend: »Frau Mutschler, das hier auf Ihrem Wohnzimmerteppich ist kein Carlo, sondern eine Carla, eine weibliche Katze. Und zwar eine Katze, die gerade rollig ist. Sie hätte jetzt gerne einen Kater, wenn Sie verstehen, was ich meine.«

»Nein!« Sandra Mutschler schüttelte heftig mit dem Kopf. »Nein! Das glaube ich jetzt nicht! Mein Carlo is 'ne Carla?« Ein donnerndes Lachen brach aus ihr heraus.

Ich musste ebenfalls herzhaft lachen und schlug mir mit den Händen auf die Oberschenkel. Dann gratulierte ich meiner Klientin zu ihrer zauberhaft süßen Kätzin. Ich erklärte ihr einiges über den Sexualzyklus der Katze sowie über die normalen Verhaltensänderungen während der Rolligkeit.

Nach fünfzehn Minuten stand ich wieder auf der Straße und hatte einen freien Nachmittag. Wie schön, dachte ich, ein völlig gesundes Tier, und der Name musste ja nun auch kaum verändert werden.

## 13. Das kleine Stinktier aus dem Obdachlosenheim

Als ich abends nach Hause kam, las ich alle E-Mails, die tagsüber, während meiner Hausbesuche, eingegangen waren. Fünf davon trugen dieses rote Ausrufezeichen für »besonders wichtig«.

Wie ich das liebe! Ich sage es immer wieder: In der Verhaltensmedizin gibt es eigentlich weder beim Menschen noch bei Tieren Notfälle. Ein Fehlverhalten lässt sich nun mal nicht einfach mit einer Spritze oder einer Notoperation korrigieren. Dafür braucht man Zeit und Geduld – aber genau daran hapert es oft.

Schon aus Prinzip las ich erst alle anderen E-Mails, ehe ich mich nach dem Abendessen entspannt den fünf rot gekennzeichneten widmete. Bei allen war der Absender identisch.

Bei der ersten Mail stand in der Betreffzeile »Wir brauchen Hilfe«, bei der zweiten »Wir sind in großer Not«, bei der dritten wurde daraus »Ein Notfall«, bei der vierten ein »Dringend!!!«. Die letzte klang richtig streng: »Bitte melden Sie sich umgehend!«. Auf dem Anrufbeantworter fanden sich ähnliche Nachrichten, alle von ein und derselben Anruferin. Was war denn nur so Furchtbares passiert?

Soweit ich verstand, waren Erhardt und Erika Lambrecht die langjährigen Besitzer von Minki. Diese hatte kürzlich ihre Partnerkatze verloren, vor sechs Wochen hatte man dann wohl eine junge Ersatzkatze dazugeholt. Inzwischen hatte sich aber herausgestellt, dass sich die beiden Tiere nicht vertrugen. Notgedrungen mussten die Lambrechts die beiden Katzen in ihrer Wohnung getrennt halten. So viel zum Thema Notfall.

Am folgenden Tag rief ich zurück. Frau Lambrecht war am Apparat. Als sie merkte, wer da anrief, schlich sich ein vorwurfsvoller Ton in ihre Stimme: »Na endlich, Frau Doktor! Endlich melden Sie sich! Es kommt mir wie eine halbe Ewigkeit vor, seit ich bei Ihnen aufs Band gesprochen habe. Ich habe Ihnen doch auch diese dringenden Mails geschickt!« Dann begann sie, ohne Umschweife zu erzählen.

»Wir haben zwei Katzen. Also, eigentlich nur noch eine, weil Pinki ja eingeschläfert wurde. Aber jetzt haben wir doch wieder zwei. Na, wie soll ich sagen? Ich fange wohl am besten noch mal ganz von vorne an. Vor zwei Monaten musste unsere Pinki eingeschläfert werden, wegen akutem Nierenversagen. Unsere Minki blieb allein zurück. Wissen Sie, Minki und Pinki waren Geschwister! Mein Mann und ich hatten zuerst den Eindruck, dass Minki das Alleinsein irgendwie ganz guttat. Sie hatte schon immer ein bisschen unter der Fuchtel von Pinki gestanden. Die war nämlich sehr dominant und hat sie oft drangsaliert. Aber Minki wirkte nach Pinkis Tod irgendwie lustlos, fast deprimiert, und hat nicht mehr richtig gefressen. Auch wenn das vielleicht komisch klingt, aber ich dachte mir, irgendwie ist Minki jetzt ja auch Witwe geworden.

Mein Mann und ich haben uns dann überlegt, ob wir sie so ganz alleine lassen wollen. Wo sie doch siebzehn Jahre lang an die Gesellschaft von Pinki gewöhnt war. Das fühlte sich irgendwie nicht richtig an.«

Mit einem aufmunternden »Okay!« sorgte ich dafür, dass Frau Lambrecht weitersprach.

»Na ja, wir dachten, dass ein kleines Kätzchen vielleicht wie ein Jungbrunnen auf Minki wirken könnte. Deshalb haben wir Paulinchen aus dem Tierheim geholt. Also, da hieß sie noch nicht so, wir haben sie umbenannt.«

Ich stellte ein paar gezielte Fragen: Wie alt war die Tierheimkatze, und wie lange war sie dort gewesen? Hatte sie selbst Bindungen familiärer Art, also etwa eine Geschwisterkatze?

»Ja, sie hat eine Schwester. Paulinchen und sie sind mit knapp zehn Wochen als Fundtiere ins Tierheim gekommen. Sie dürften jetzt beide ungefähr vier Monate alt sein. Aber wir haben uns gleich in unser Paulinchen verliebt, sie war so niedlich und zutraulich! Ein richtiger Glücksgriff. Deshalb haben wir sie auch gleich mitgenommen. Sie war insgesamt bloß zwei Tage im Tierheim.

Seitdem sie bei uns ist, hat sich Minki verändert, aber zum Negativen. Wo wir das doch extra für sie gemacht haben! Sie hat Paulinchen ständig angegriffen, bis wir die beiden dann getrennt haben.«

»Seit wann halten Sie die beiden denn getrennt?«

»Na, das war so vor etwa zwei Wochen. Minki hat sie richtig schlimm am Kopf verletzt! Die Kleine hat geschrien, und Minki, na ja, wie soll ich sagen ... die hat so entartet gejault. Das ging mir durch Mark und Bein. Ganz schlimm. Mein Mann hat geistesgegenwärtig zwei Sofakissen genommen und sie irgendwie zwischen die beiden Streithähne gedrückt, und dann konnte ich die Minki da rausheben und ins andere Zimmer tragen. Das war ein Stress!«

Frau Lambrechts Stimme klang immer noch sehr erschrocken. So ein feindseliges Verhalten hatte sie bei ihrer Minki wohl noch nie erlebt. Mich wunderte das allerdings ganz und gar nicht.

»Und wie hat die Jungkatze auf die Angriffe reagiert?«, wollte ich wissen.

»Das arme kleine Ding hat die ersten vierzehn Tage nur unterm Sofa gesessen und sich nicht hervorgetraut, stellen Sie sich vor! Minki saß die meiste Zeit knurrend davor.«

Diese Informationen reichten mir zunächst, und ich schlug einen Termin Ende der kommenden Woche vor. Damit war meine Gesprächspartnerin allerdings nicht einverstanden. Sie war entrüstet:

»Wieso denn erst Ende nächster Woche? Das ist doch ein Notfall!« Sie sprach mit ihrem Mann: »Erhardt, nun sag doch auch mal was dazu! Frau Doktor will uns erst nächste Woche Freitag einen Termin geben.«

Ich erklärte in aller Ruhe, dass das ganz sicher kein Notfall sei, dass ich auch noch andere Patienten hätte und sie nichts falsch machen würden, wenn sie bis dahin einfach beide Katzen ohne irgendwelche Experimente getrennt hielten.

Auch gab ich den Hinweis, dass jede Katze in ihrem Revier, also im eigenen Zimmer, zwei Katzenklos, Versteckmöglichkeiten, Wasserstellen und Kratzgelegenheiten haben sollte.

Nun war Erika Lambrecht erst mal still. Sie meinte schließlich kleinlaut, dass sie die Kleine bisher dreimal am Tag ins Bad eingesperrt hätten, wo das einzige Katzenklo stand, damit Paulinchen es dann benutzen konnte, was die Kleine allerdings nur selten tat.

Wie man auf die Idee kommen konnte, dass eine Katze auf Bestellung pinkelte und dann noch in ein Behältnis, das von einer anderen, feindseligen Katze genutzt wurde, war mir schleierhaft.

»Liebe Frau Lambrecht, das müssen Sie umgehend ändern, wenn sich beide Katzen einigermaßen wohlfühlen sollen – und das wollen Sie doch sicher. Sonst kann es Ihnen passieren, dass Ihre Katzen unsauber werden. Und das wollen Sie doch sicher nicht, oder?«

Damit hatte ich die Lambrechts erst mal beschäftigt.

Ich muss gestehen, dass ich erst wieder an sie dachte, als ich am vereinbarten Termin zu ihnen nach Kreuzberg fuhr.

Erhardt und Erika Lambrecht waren Mitte siebzig. Sie standen an der Wohnungstür und hatten mich schon erwartet. Sie waren fast im Partnerlook, beide hatten einen braunen Pulli und eine beigefarbene Hose an, wobei Herr Lambrecht einen stattlichen Bauch vor sich hertrug. Auch die grauen Haare waren fast identisch geschnitten – gingen sie zum selben Friseur?

Herr Lambrecht hielt Paulinchen, ein kleines niedliches

Katzenkind, auf dem Arm, das mich aus seinen großen schwarzen Kulleraugen erstaunt anschaute. Ich sagte allen, auch Paulinchen, höflich Guten Tag und wurde freundlich hereingebeten.

Man bat mich, im früheren Arbeitszimmer von Herrn Lambrecht Platz zu nehmen, und ich ließ mich auf das schwere Sofa sinken, unter dem sich Paulinchen zwei Wochen lang vor Minkis Nachstellungen verkrochen hatte. Minki war vor meinem Eintreffen in die Küche gesperrt worden. So konnte ich mich in Ruhe in dem Zimmer umsehen, das aktuell Paulinchens Revier war. Erhardt Lambrecht trug Paulinchen immer noch auf dem Arm. Seine Frau Erika zeigte mir voller Stolz das Katzenklo, dass sie letzte Woche nach unserem Telefonat noch gekauft hatte. Leider war es ein Haubenklo mit Filter.

»Nun, das geht leider gar nicht!«, verblüffte ich die alten Herrschaften und erklärte ihnen dann, dass solche Katzentoiletten für feine Katzennasen ganz schrecklich seien und nur für uns Menschen gemacht werden. Ich legte Hand an und stellte den Deckel zur Seite. Beide schauten mich verdutzt an, ließen mich aber gewähren. Auch als ich später das zweite neue Katzenklo, das für Minki im Bad stand, von seinem Deckel befreite.

Bei der weiteren Wohnungsbegehung schaute ich mir die Versteckmöglichkeiten und die weichen Ruheplätze für Paulinchen an. Hier war alles in bester Ordnung; ich lobte die beiden Lambrechts, und sie entspannten sich merklich.

Sie hatten seit unserem Telefonat noch mehr für ihren kleinen Schützling getan. Erhardt Lambrecht schlief momentan in seinem Zimmer auf der Schlafcouch. Minki, die im großen

Rest der Wohnung residierte, schlief bei Erika Lambrecht im Schlafzimmer. Das war ganz in meinem Sinne.

Nun wollte ich aber wissen, wie das allererste Zusammentreffen der beiden Katzen abgelaufen war. Das ist immer eine heikle Angelegenheit, die viel Fingerspitzengefühl erfordert. Entweder werden die fremde und die alteingesessene Katze zu Feinden und greifen sich gegenseitig an, oder aber sie teilen sich ein Revier wie zwei Studenten in einer Wohngemeinschaft, wo man sich zum Kochen und Essen in der Küche trifft, ansonsten aber nicht sehr viel miteinander zu tun hat. Die dritte Möglichkeit ist Freundschaft: Kontaktliegen, gemeinsames Spielen, gegenseitiges Putzen. Das, was sich jeder Katzenbesitzer wünscht.

Um es kurz zu machen, es war so ziemlich alles schiefgegangen, was schiefgehen konnte: Kaum hatten Erika und Erhardt Lambrecht die Tür hinter sich geschlossen und Paulinchens Transportbox im dunklen Wohnungsflur abgesetzt, da öffneten sie auch schon das Türchen der Box und kippten Paulinchen einfach so aus – mitten hinein in die heiligen Hallen von Minki, die bereits lauerte.

Wenn sie geahnt hätten, was sie durch diese unüberlegte Aktion bei Minki auslösen würden, hätten sie das sicher anders gehandhabt. Aber sie hatten einfach etwas naiv gehofft, dass Minki sich freuen würde.

»Schau mal, Minki, wen wir dir hier mitgebracht haben: ein kleines Katzenkind! Nun könnt ihr schön miteinander spielen!« Frau Lambrecht erinnerte sich genau an ihre Begrüßungsworte.

»Aber von wegen spielen!« Sie klang jetzt enttäuscht und

auch etwas resigniert. »Frau Doktor, das hätten Sie sehen sollen! Minki hat das kleine Kätzchen, unser Paulinchen, einfach verprügelt.«

Ich konnte mir die chaotische Szene lebhaft vorstellen. Und ich wusste auch, wieso es zu diesem Fiasko gekommen war. Ich sah Paulinchen vor meinem inneren Auge, wie sie in der Box hockte und überlegte:

*Warum bin ich in dieser wackeligen Kiste? Ich weiß gar nicht, was los ist. Es riecht hier nach fremder Katze und nach Urin. Und eben hat es so schrecklich geschaukelt. Warum haben diese Leute die Kiste nicht einfach gerade gehalten? Mir ist ganz übel davon. Und gerade habe ich auch noch so wild Fangen mit meiner Schwester gespielt. Wo ist sie eigentlich? Ich bin ganz allein.*

*Aber diese Leute haben gesagt, dass sie meine Schwester nicht auch noch mitnehmen können. Sie hätten schon eine andere Spielkameradin für mich. Als ich im Tierheim in diesen stinkenden Transportkorb gesetzt wurde, hörte ich meine Schwester nach mir rufen. Es brach mir das Herz. Bei der Autofahrt wurde mir nicht nur richtig schlecht, ich bekam auch noch Durchfall. Die Frau auf dem Beifahrersitz rief: »Erhardt, riechst du das? Das kann doch nicht wahr sein, sie hat in den Korb gemacht! Das habe ich bei Minki und Pinki nie erlebt. Oh weh, lass uns die Fenster öffnen. Das stinkt ja fürchterlich. Sie hat sich auch ganz eingeschmiert. Wir müssen sie wohl waschen.«*

*Aber was konnte ich denn dafür? Ich wurde hin und her geschaukelt, und mein Durchfall verteilte sich in der Transportbox. Ich wollte hier raus, und zwar schnell! Als wir endlich ausstiegen, stolperte mein neuer Mensch und ließ die Transportbox auf die Seite fallen. Das hat mich sehr erschreckt, ich habe genug von diesem Ausflug. Ich will nur noch zurück zu meiner Schwester.*

*Puh, endlich hört das Geschaukel auf; aber was ist das? Sie kippen die Box einfach um. Hilfe! Ich schlittere durch meinen Durchfall, bäh! Aber ich kann endlich raus aus diesem Gefängnis. Alles ist so dunkel hier… Oh nein!!! Große grüne Augen starren mich aus der Dunkelheit heraus an. Nicht neugierig, sondern empört, angriffslustig und wütend.*

*Ich bin direkt vor den giftgrünen Augen einer alten Katze gelandet. Ehe ich mich versehe, schlägt die Katzenoma mir ihre Krallen ins Gesicht und beißt mir in den Rücken. Ich schreie auf und versuche zu entkommen. Ich laufe umher, suche ein Versteck. Da ist plötzlich dieses Sofa. Da passt sie nicht drunter! Vor lauter Schreck muss ich viel pinkeln. So eine Angst hatte ich noch nie! Und dabei haben sie mir versprochen, ich würde es hier schön haben!*

*Zitternd sitze ich da, ich rufe nach meiner Schwester und hoffe, jemand holt mich ab und bringt mich wieder zu ihr ins Tierheim. Blut tropft von meinem linken Ohr in mein Gesicht. Da fehlt ein Stück. Sie hat es einfach abgebissen! Ich fühle mich so allein. Meine neuen Leute schreien, und ich kann sehen, wie sie die Katzenoma mit Wasser bespritzen und ein Sofakissen nach ihr werfen.*

*Das soll also meine neue Spielkameradin sein? Ich bin ganz verzweifelt und fange an zu frieren.*

Erika und Erhardt Lambrecht rissen mich aus meinen Gedanken. Sie boten mir gerade noch einmal Tee an. Ich lehnte dankend ab und wollte mir lieber Minki, die Aggressorkatze ansehen. Vorsichtig öffneten wir die Küchentür und gingen zu ihr. Der Raum war hell erleuchtet. Minki kauerte auf dem Kühlschrank.

Frau Lambrecht flüsterte mir zu: »Minki ist nicht gut drauf, und sie frisst auch schlecht.« Die alte Katzendame hatte trotz des starken Lichteinfalls riesige Pupillen, sie knurrte uns an und hatte die Ohren zurückgelegt. Ich konnte sie förmlich sprechen hören:

*Raus hier! Und schafft mir auch gleich dieses stinkende Kätzchen aus meiner Wohnung. Das ist mein Revier. Meins! Seit über siebzehn Jahren! In Menschenjahren bin ich etwa 88 Jahre alt! Könnt ihr euch vorstellen, wie sich das anfühlt, wenn man sein Heim auf einmal, ohne jegliche Vorwarnung, mit einem quirligen, unsauberen kleinen Kind teilen soll? Wie kommt ihr auf diese irrwitzige Idee?*

*Ich habe Arthrose in den Knien, bekomme jeden Morgen Herztabletten und muss auch noch dieses grässliche Nierendiätzeugs fressen. Presspappe! Das ist schon schlimm genug. Und nun wollt ihr mir auch noch dieses Balg antun? Ich will meine Ruhe haben! Schlafen, dösen, auf meiner Couch liegen, mit euch abends vorm Fernseher sitzen und gestreichelt werden, das mag ich. Ich will gemeinsam und in Ruhe mit euch alt werden.*

*Aber mein Sofa ist besetzt, ihr werft mit einem Kissen nach mir. Das habt ihr noch nie getan! Und dieses freche kleine Ding wird hier sicher bald über Tische und Bänke springen. Es ist mir viel zu unruhig. Alles ist durcheinander. Ich mag nichts mehr essen. Das stresst mich alles total. Schafft sie aus der Wohnung! Sonst ziehe ich mich noch weiter zurück.*

*Ihr kapiert es einfach nicht. Stellt euch mal vor, einer von euch beiden wäre gestorben und ihr wärt traurig, und dann würde ich losgehen und einen völlig verdreckten jungen Menschen mit nach Hause bringen, der sich einfach so auf euer Sofa setzt, und dann sage ich noch zu einem von euch: »Jetzt hast du wieder jemanden!« Würdet ihr das wollen??? Und ich dachte, ihr wisst, was ich brauche, nach so vielen gemeinsamen Jahren.*

Nun war mir doch nach einer Tasse Tee, und wir gingen zurück ins Arbeitszimmer. Während Erika Lambrecht mir eingoss, berichtete sie, dass Paulinchen seit drei Tagen kaum noch etwas fraß. Sie hätte die Kleine gestern schon zu ihrem Tierarzt gebracht – der hätte sie auch gründlich untersucht, aber nichts finden können. Das Kätzchen sei gesund, bis auf das Ohr, das noch verheilen müsse. Frau Lambrecht meinte dann noch:

»Ich weiß ja, man soll Tiere nicht vermenschlichen, aber ich habe das Gefühl, die Kleine hat Heimweh und so was wie Depressionen. Aber nein, Tiere haben so etwas sicher nicht.« Was die alte Dame da sagte, war erstaunlich scharfsichtig, auch wenn sie das selbst kaum glauben konnte.

»Oh doch!«, erwiderte ich. »Es ist längst nachgewiesen, dass Katzen behandlungsbedürftige Depressionen entwickeln können. Katzen trauern zum Beispiel auch um ihre toten befreundeten Katzen, so wie Sie es bei Minki gemerkt haben. Sie halten sogar einige Stunden Totenwache.«

Und was war mit dem Geschwisterchen von Paulinchen? Vielleicht fraß es inzwischen auch nicht mehr. Es war traurig, dass sich das Tierheim darauf eingelassen hatte, die beiden voneinander zu trennen. Bemerkenswert fand ich hingegen, dass das Ehepaar Lambrecht noch nicht ein einziges Mal gesagt hatte, dass es Paulinchen unbedingt behalten wolle. Das ist sonst so ziemlich das Erste, was die meisten Klienten noch am Telefon sagen: »Eine Abgabe kommt nicht infrage!«

Ich setzte nun den beiden Senioren auseinander, wie wir es schaffen könnten, dass die beiden Katzen sich wenigstens tolerieren würden. Eine Freundschaft würde allerdings nie mehr zwischen ihnen entstehen.

»Es ist ein bisschen aufwendig, aber anders geht es leider nicht. Wir müssen hier im Türrahmen eine Kaninchendrahttür einbauen, und Sie müssen darauf achten, dass Ihnen keine der Katzen auf die andere Seite folgt, wenn Sie mal durchgehen wollen. Jede Katze lebt für die nächsten paar Wochen auf jeweils einer Seite dieser provisorischen Tür. Die baut Ihnen ein Handwerker ein, ich kann Ihnen da jemanden empfehlen. Sie achten bitte darauf, dass Sie zwischendurch auch immer die Zimmertür schließen, denn die Katzen dürfen sich nur beim Füttern sehen! Das ist ganz wichtig. Nur in diesem für sie sehr angenehmen Moment.

Die Futternäpfe sollten zuerst noch in einem größeren Abstand zueinanderstehen. Diese Distanz verkürzen wir dann nach und nach, bis sich die beiden aneinander gewöhnt haben. Das ist allerdings ein langwieriger Prozess, der sich über mehrere Wochen hinzieht. In der gesamten Zeit dürfen sich die Katzen nie direkt begegnen, ansonsten müssten wir wieder von vorn beginnen. Und dies ist nur eine von mehreren erforderlichen Maßnahmen.«

Die Lambrechts stöhnten auf, als ich weitere Punkte aufzählte, wobei ich nicht versprechen konnte, ob es trotz allem Aufwand jemals mit der Zusammenführung klappen würde. Die beiden Katzen waren niemals zuvor miteinander befreundet gewesen und konnten nicht auf gemeinsame, schönere Erlebnisse zurückgreifen.

Erhardt Lambrecht war der Erste, der vorschlug, Paulinchen wieder ins Tierheim zu bringen.

»Vielleicht ist die Schwester ja noch da. Erika, ich glaube, die Kleine vermisst ihre Schwester. Weißt du noch, wie die beiden zusammengelegen und gespielt haben? Das wird sie hier mit unserer alten und kranken Minki niemals haben.« Erika Lambrecht nickte heftig und schien erleichtert.

In diesem Fall konnte ich die Entscheidung nur begrüßen. Noch von dort rief ich im Tierheim an und erfuhr, dass Paulinchens Schwester noch nicht vermittelt worden sei. Ich erläuterte das Drama, das sich hier abspielte, und dass es zu Verletzungen gekommen war und erwähnte auch, dass Paulinchen inzwischen sehr schlecht fresse. Der Tierheimmitarbeiter am anderen Ende der Leitung freute sich, was mich erstaunte. Normalerweise sind die Leute vom Tierheim nicht sehr erbaut, wenn ein Tier zurückkommt, aber in diesem Fall war es anders:

»Die kleine Lilly ist noch bei uns. Sie hat sich sehr zurückgezogen, seitdem ihre Schwester weg ist. Sie frisst auch nur wenig. Wir bedauern es, dass wir die beiden getrennt haben. Unser Eindruck ist, dass Lilly hier stark trauert.«

Ich hatte das Telefon laut gestellt. Erika Lambrecht hielt sich die Hand vor den Mund, und ich sah, wie ein paar Tränen kullerten. Ihr Mann nahm ihre Hand und flüsterte: »Lass uns die Kleine zu ihrer Schwester bringen.«

Damit war es entschieden, und wir vereinbarten, dass Paulinchen noch an diesem Nachmittag zurück zu ihrer Schwester durfte. Mir fiel ein Stein vom Herzen, denn aufwendige verhaltenstherapeutische Maßnahmen empfand ich bei dieser unglücklichen Katzen-Konstellation tatsächlich als unangemessen.

Meine Neugierde war groß, also fuhr ich mit. Ich überlegte, ob sich vielleicht in meiner Klientel jemand finden würde, der die beiden jungen Katzen aufnehmen wollte. Auch Erika und Erhardt Lambrecht wirkten erleichtert.

Im Tierheim angekommen, stellten wir den Korb behutsam in das Gehege, in dem Lilly sich aufhielt, und warteten. Es dauerte nur wenige Sekunden, da sprang Paulinchen heraus. Die beiden Katzen maunzten sich an, schmiegten sich aneinander und leckten sich die Köpfe. Kurz danach stürzten sie sich auf das angebotene Feuchtfutter und fraßen, bis die kleinen Bäuche kugelrund waren. Diese Szene bedurfte keiner weiteren Kommentare.

## 14. Großbaustelle

»Hilfe, ich muss bald aus meiner Wohnung ausziehen!«, las ich in der Betreffzeile einer E-Mail. Es war ein schöner Frühsommertag, und ich war dabei, die eingegangenen Nachrichten zu sichten. Das ist sicher ein Hundebesitzer, und es geht um seinen hysterisch bellenden Hund, war mein erster Gedanke, da gab es Ärger mit den Nachbarn und wahrscheinlich eine böse Abmahnung vom Vermieter. Oder es war sogar schon eine Kündigung ausgesprochen, ein Räumungstermin angesetzt worden … Zugegeben, ich habe eine lebhafte Fantasie, aber auch viel Erfahrung mit Haustieren und Nachbarschaftsproblemen.

Da hatte ich mich diesmal allerdings heftig verspekuliert, es ging um eine ganz andere »Baustelle«, um ein Katzenproblem, welches nicht mal besonders ungewöhnlich war, allerdings nur, wenn man das Ganze aus dem richtigen Blickwinkel betrachtete. Die Art, wie hier ein Katzenbesitzer versuchte, sein Problem in den Griff zu bekommen, war sehr speziell, wie ich bald herausfinden sollte.

Sehr geehrte Frau Dr. Werner,
ich mache es kurz. Meine beiden Kater pinkeln mir die Wohnung voll, und ich halte es einfach nicht mehr aus.

Ich bekomme den Gestank nicht mehr aus der Wohnung und weiß nicht weiter. Bitte melden Sie sich sobald wie möglich bei mir!

Mit besten Grüßen, Carsten Eilert

Das klang nach einem Standardfall, was mir durchaus gefiel. Zwischen all den ungewöhnlichen Fällen, die mir viel Einfühlungsvermögen und detektivischen Spürsinn abverlangen, tut es immer mal wieder gut, einfach Routine abrufen zu können. Mit dieser Vorstellung von einem leicht zu lösenden Problem rief ich den zweifachen Katzenvater Carsten Eilert zurück.

Wie sich herausstellte, studierte Eilert Bauingenieurswesen an der Technischen Universität Berlin. Zu Beginn unseres Gesprächs erwähnte er ein Praktikum auf einer Großbaustelle. Ich wollte ihn etwas aus der Reserve locken und fragte scherzhaft, ob seine eigene Wohnung vielleicht auch eine Großbaustelle sei. Wie genau ich damit ins Schwarze getroffen hatte, ahnte ich dabei natürlich nicht. Wir mussten beide lachen, und das Eis war gebrochen. Er berichtete von seinem Problem.

»Sie müssen wissen, dass Kater Eins und Kater Zwei Geschwister sind. Sie sind beide kastriert und mittlerweile eineinhalb Jahre alt. Als ich sie von einem Bauernhof mitgenommen habe, waren sie ein halbes Jahr alt. Die Elterntiere habe ich beide kennengelernt: ein kräftiger schwarzer Kater und eine hübsche honigfarbene Katze. Sie waren beide auch von dem Hof – obwohl man das ja nie so genau weiß; vielleicht ist auch ein anderer Kater draufgesprungen. Jedenfalls hieß es, dass der große schwarze Hofkater wohl der Vater sei. Die Elterntiere sollen ein wenig verwildert gewesen sein und haben sich draußen auch selber ernährt.«

Ich konnte mir die Frage nicht verkneifen, wie viele Katzen es sonst noch in diesem studentischen Haushalt gab; das läge bei der Art des Durchnummerierens doch nahe.

»Nein, nein, die beiden heißen einfach so«, wehrte mein Telefonpartner ab. »Das sind ihre Namen! Kater Eins ist hellbraun gestromt, Kater Zwei kommt nach dem Vater, er hat ein schönes schwarzes Fell.«

Was für eine einfallsreiche Namensgebung, aber warum nicht? Hauptsache, der Katzenbesitzer selbst fand es originell.

Ich bat meinen neuen Klienten darum, die Fragebogen, speziell den zur Unsauberkeit, sorgfältig auszufüllen, und konnte ihm ausnahmsweise schon am übernächsten Tag einen Termin anbieten.


Das Navi in meinem Praxismobil leitete mich zu einer Reihenhaussiedlung im Süden der Stadt. Ich fuhr an mehreren identisch aussehenden Häuserzeilen vorbei, allesamt viergeschossig und mit Balkonen. Schilder, die auf dem Rasen eingepflockt waren, verkündeten Hausnummern von a bis e. Die Häuser selbst standen quer zur Straße, so wie man viele Genossenschaftssiedlungen in den Siebzigerjahren des letzten Jahrhunderts angelegt hatte, die Hauszeilen in großzügigem Abstand zueinander. Dazwischen grüne Rasenflächen und Sträucher. Parkplätze waren Mangelware, ich fuhr langsam, um keine Lücke zu übersehen, und schließlich fand ich eine und musste nicht weit bis zum richtigen Hauseingang laufen.

Ich war noch einige Schritte von der Haustür entfernt, da stieg mir schon ein scharfer Geruch in die Nase. Ich klingelte. Ein sportlich aussehender junger Mann, der aussah, als ob er häufig Hanteltraining und einiges mehr in dieser Richtung machte, stand in einer Tür im Hochparterre. Er trug eine kurze Sommerjeans, dazu ein buntes Sweatshirt, das braune, leicht gelockte Haar war kurz geschnitten. Der Geruch nach scharfem Katzenurin kam eindeutig aus seiner Wohnung.

»Kommen Sie doch! Fühlen Sie sich wie zu Hause …!« Carsten Eilert machte eine einladende Handbewegung, die Ironie in seinen Worten war mir aber nicht entgangen. »Die Schuhe brauchen Sie bei mir nicht auszuziehen!«, fügte er noch hinzu.

Als ich seine Zweizimmerwohnung betrat, durchzuckte mich nur ein Gedanke: Wie kann man nur in solch einem Gestank leben! Eine eigenartige Mischung aus »unsauberer Katze« vermischt mit einer nicht eindeutig zu identifizierenden Kopfnote war allgegenwärtig. Tapfer folgte ich meinem Auftraggeber in sein Reich. Er ging mir voraus, durch einen schmalen Flur an seinem Schlafzimmer vorbei, die Tür stand offen, ich registrierte ein mit Folie abgedecktes Bett, auch die anderen Möbel waren irgendwie eingepackt. Wir kamen zum Wohnzimmer, wo ich wie angewurzelt stehen blieb. Plastik, so weit das Auge reichte!

Mit einem Schwenk nach links erfasste ich auch die Situation in der Küche, die gegenüber vom Wohnzimmer lag. Das gleiche Bild auch dort. Folien an den Schränken, auf dem Tisch, um das Fenster herum. Nahezu jedes Möbelstück in dieser Wohnung, jeder Gegenstand, einfach alles, verbarg sich unter Folien und Planen, manche durchsichtig, andere waren aus festerem Material. Um Himmels willen, wie und wo lebte Carsten Eilert nur hier? Plante er eine groß angelegte Renovierungsaktion? Aber in allen Räumen gleichzeitig? Das war doch eher unwahrscheinlich!

Ich betrat das Wohnzimmer, hier war der beißende Gestank nach Katzenurin am stärksten, vermischt mit dem Geruch, den billiges Plastik verströmt.

Um jedes Stuhl- und Tischbein hatte jemand sorgfältig Verpackungsfolie gewickelt. Ganz unten an den Wänden, auf Höhe der Scheuerleisten, befand sich ein umlaufender breiter Streifen Alufolie. Etwas dickere Abdeckfolie bedeckte die Möbelstücke, auf der Computertastatur lag eine Kunststoffabdeckung. Selbst der PC war großzügig mit dünner Klarsichtfolie umwickelt. Eine bunte Dekofolie verzierte die verschiedenen Pflanzenkübel, auf dem Boden lag schwarze Teichfolie, die vermutlich einen darunterliegenden Teppich oder das Parkett bedecken sollte.

Es knisterte bei jedem Schritt, und ich musste darauf achten, nicht auszurutschen. Die Fenstervorhänge waren mit einem großen Knoten in etwa einem Meter Höhe zusammengebunden. Ich hatte den Eindruck, dass es im Schlafzimmer eher Baufolie gewesen war, die das Bett ringsherum bis zum Boden abdeckte. Und was das für eine Großbaustelle ist, dachte ich für mich. ·

Gewöhnlich bin ich so leicht um kein Wort verlegen, aber hier war ich sprachlos. Mein Klient sah mich skeptisch und gleichzeitig erwartungsvoll an. In meinem Kopf kreiste noch immer die Frage, wie lange man nur so leben konnte. Aus dem Fragebogen wusste ich, dass die Pinkelproblematik von Anfang an, seit dem Einzug der beiden kleinen Kater bestand, aber seit wann lebte Carsten Eilert unter Folie, auf Folie, war rundum von Folie umgeben? Ein Wunder, dass er sich nicht selbst auch noch in Folie gewickelt hatte!

»Seit wann?«

»Seit wann was?«

»Na, seit wann leben Sie hier, in dieser Folienwelt?«

»Äh, oh…!«

Er musste nur kurz nachdenken: »Das kann ich Ihnen ziemlich genau sagen. Es fing ja gleich am ersten Tag an! Da dachte ich noch, dass sich Kater Eins und Kater Zwei erst einmal an ein Katzenklo gewöhnen müssten, und war nachsichtig mit ihnen. Aber schon am Tag darauf konnte ich sehen, dass beide die Klos durchaus benutzten. Ich habe dann wie wild meine Hausmannspflichten und -kenntnisse erweitert, habe so ziemlich jedes Putzmittel ausprobiert! Aber als es nicht besser wurde mit den beiden – sie pinkelten unverdrossen in die Ecken –, bekam ich Angst um meine Möbel. Also habe ich angefangen, die Stellen mit diversen Folien zu schützen. Die werden dann nach einem Pinkelattentat immer ausgewechselt. Das kostet mich ganz schön viel Zeit«, seufzte er und fuhr sich nervös durch die Haare, »und geht auch ins Geld. Ja, also, so lebe ich seit etwas mehr als einem Jahr«, setzte er dann zögernd hinzu.

Ganz offensichtlich wartete er auf eine Reaktion von mir, aber ich brauchte noch einen Moment zum Verarbeiten.

»Sagen Sie nichts, Frau Doktor Werner. Oder doch! Sagen Sie mir bitte, wie dieser Raubtierkäfig wieder die Gestalt einer

Wohnung annehmen könnte«, flehte er mich an. »Ich kann einfach nicht mehr!« Seine Stimme wurde etwas unsicher, dann hatte er sich wieder im Griff. »Und das ist ja auf die Dauer auch keine Lösung. Was mich vor allem nervt – ich kann niemanden mehr in meine Wohnung einladen.«

Frustriert zuckte er mit den Schultern: »So habe ich mir das nicht vorgestellt, damals, als ich Kater Eins und Kater Zwei als Jungtiere zu mir nahm. Und ich will auch nicht mehr. Aber mich von meinen beiden Katern trennen, das kommt nicht infrage. Können Sie das verstehen?«

Oh ja, das konnte ich. Es ist immer wieder bemerkenswert, wie tolerant und leidensfähig Katzenhalter sein können. Auch hier war der Leidensdruck riesengroß, das hatte Carsten Eilert deutlich gezeigt. Unter uns: Wer wäre denn nicht der Verzweiflung nahe, wenn er eine Wohnung in einem solchen Zustand hätte?

Mein Klient wirkte unschlüssig: Einerseits wollte er meinen Expertinnenrat, andererseits wäre er dem Problem am liebsten ausgewichen. Er war verunsichert, wie ich das Ganze wohl aufnähme. Es ist ja auch nicht einfach, sich einem anderen Menschen anzuvertrauen, selbst wenn man sich dazu eine Fachfrau ausgesucht hat. Würde ich ihm helfen können? Nervös knetete er seine Hände.

»Lassen Sie uns doch erst einmal schauen, was Sie alles aufgeschrieben haben«, forderte ich ihn auf und blickte mich nach einer Sitzgelegenheit um.

Die Atmosphäre beim Anamnesegespräch sollte möglichst ruhig und sachlich sein. Ich erinnere deshalb in solchen Momenten gern an die »Hausaufgaben«, die meine Klienten gemacht haben. Das entspannt die Situation. Diesmal sollte das allerdings nicht für lange gelten.

Carsten Eilert bat mich, auf einem Sofa Platz zu nehmen, das natürlich auch mit Malerfolie umwickelt war und vor dem ein mit Malerfolie bedeckter kleiner runder Tisch stand, auf dem ich meine Unterlagen ablegte.

»Ach nee!!! Nicht doch!«, entfuhr es mir. Ich hatte mich kurz hingesetzt und war sofort wie von der Tarantel gestochen wieder aufgesprungen. Das Sofa war ein Pinkeltatort! Ich drehte meinen Kopf nach hinten, um das Malheur zu betrachten. Der untere Teil meines T-Shirts und ein Stück meiner Hose waren hinten nass geworden. Ich konnte mir einen vorwurfsvollen Blick in Richtung Gastgeber nicht verkneifen.

Er war ebenfalls aufgesprungen, der Vorfall war ihm natürlich sehr peinlich, er entschuldigte sich mehrmals und eilte davon, um Handtücher zu holen.

»Ich kann Ihnen eine Hose von mir anbieten – und ein Sweatshirt. Sind beide sicher zu groß, aber immerhin trocken«, rief er mir noch zu, aber ich akzeptierte nur die Handtücher.

»Berufsrisiko!«, lächelte ich etwas gezwungen und nahm mir vor, die nächsten zwei bis drei Stunden heldenhaft durchzuhalten. Es war mir nur das passiert, was hier täglich ablief. War ich mit meinen feuchten Beinkleidern nicht sogar besonders nah dran am Fall?

Zur Einleitung erklärte ich nun, dass es sich bei dieser störenden Angewohnheit um ein reines Harnmarkierverhalten der beiden Kater handelte. Denn ich hatte ja schon gehört, dass sowohl Kater Eins als auch Kater Zwei brav eines der beiden Katzenklos benutzten, wenn sie Harn absetzen wollten.

Die Katzenklos gehörten im Übrigen zu den wenigen Dingen, die sich in dieser Wohnung nicht unter Folie befanden. Drei gewaltige selbst gebaute Kratz- und Kletterbäume waren ebenfalls nur unten am Stamm umwickelt.

Normalerweise lasse ich mir alle bepinkelten Stellen zeigen und mache mir eine Skizze. Diesmal erkundigte ich mich ausdrücklich nach nicht bepinkelten Stellen. Das machte die Sache einfacher, denn es waren bloß wenige. Kater Eins und Kater Zwei hatten fast überall die Nachricht hinterlassen, dass diese Wohnung ihnen gehörte.

Dabei gab es keinen offensichtlichen Grund zum Harnmarkieren in der Wohnung. Beide Kater vertrugen sich bestens, spielten und kuschelten miteinander. Ich hatte in der kurzen Zeit meines Hausbesuchs viel Kontaktliegen beobachten können. Die Wohnung war im Wesentlichen katzengerecht gestaltet, bis auf die Folien gab es nichts zu beanstanden. Beide Tiere strotzten nur so vor Kraft und Gesundheit.

Ich saß mittlerweile auf einem trockenen und mit zwei sauberen Handtüchern bedeckten Sessel und horte meinem Klienten aufmerksam zu, der meine Fragen beantwortete und die Eigenarten und Gewohnheiten seiner beiden Lieblinge ausführlich beschrieb. Dazu machte ich mir Notizen. Zwischendurch fiel mein Blick auf die Rasenfläche, die ich von meinem Platz aus gut einsehen konnte. Eine Katze jagte draußen unter den Büschen Mäuse und entspannte sich danach im warmen Sonnenlicht auf der Wiese.

Ich war nicht die Einzige, die diesem Treiben zuschaute. Die beiden Kater von Carsten Eilert verfolgten das Geschehen draußen ebenfalls – und sie taten noch mehr.

Kater Eins sprang frustriert an die Fensterscheibe, und Kater Zwei pinkelte einen satten Urinstrahl direkt ans Fenster. Kater Eins ließ sich damit mehr Zeit, dann nahm er sich den Rahmen der Balkontür zum Ziel. Beide wirkten empört. Ich konnte sie denken hören: *Wie können sich fremde Katzen hier, unmittelbar vor unserem Revier, aufhalten! Da müssen wir doch jetzt mal was klarstellen!*

Ich unterbrach den Redefluss meines Gegenübers, der von alledem nichts mitbekommen hatte. »Lieber Herr Eilert, ich finde, dass Kater Eins und Kater Zwei uns ziemlich deutlich sagen, was sie wollen.«

»Wie, was meinen Sie damit?«

Ich beschrieb ihm meine Beobachtungen. »Nun ja, Sie haben vieles getan, um Ihre Wohnung als Lebensraum möglichst katzengerecht zu gestalten. Es stimmt fast alles hier bei Ihnen – bis auf die Folien –, aber es scheint eben doch nicht zu reichen. Oder warum markieren Ihre Kater unentwegt ihre Umgebung? Ich sage es Ihnen: Ihre beiden süßen Wiederholungstäter wollen hinaus. Sie wollen raus in ihren natürlichen Lebensraum. Das passt zu dem, was Sie mir erzählt haben, dass die beiden von frei lebenden Elterntieren abstammen. Bestimmt haben sie in ihren ersten Lebenswochen gezeigt bekommen, wie man erfolgreich jagt, wie man auf Bäume hinaufklettert und wieder herunterkommt.«

Ich erntete einen skeptischen Blick.

»Ach, das ist doch schon so lange her. Ich habe die beiden

doch vom Bauernhof gerettet. Und draußen drohen ihnen so viele Gefahren! Wenn ich nur an die vielen Autos hier bei uns denke. Oder auch an Bussarde. Es soll ja auch vorkommen, dass Katzen vergiftet oder einfach geklaut werden!«

Ja, das Leben ist kompliziert, besonders für übervorsichtige Katzenbesitzer.

»Herr Eilert, da gibt es nichts weiter zu diskutieren oder zu analysieren. Die beiden wollen einfach nur hinaus. Das zeigen sie deutlich. Sie haben das Leben, das sie als Jungtiere kennengelernt haben, ja praktisch jeden Tag vor der Nase.«

Ich lächelte ihn an und verstärkte dies noch mit einem Kopfnicken. Aber ich schwieg ganz bewusst, wollte ihm Zeit lassen. Eine lange Pause entstand. Abwechselnd blickte Carsten Eilert von mir zu seinen Katzen, dann nach draußen und wieder zu mir. Als es mir dann doch zu lang wurde, zog ich meine Augenbrauen leicht hoch. Das wirkte schließlich.

»Sie meinen wirklich, ich sollte es probieren? Ich soll die beiden rauslassen? Jetzt gleich? Ist das Ihr Ernst...?« Er schüttelte ungläubig den Kopf.

Ich nickte nur, blieb stumm. Die Entscheidung lag bei ihm.

Zögernd stand er auf und kramte unter einer Folie ein langes Brett hervor, das mit Sisal umwickelt war.

»Eigentlich wollte ich es als weiteren Catwalk an die Wand dübeln, aber das wäre doch auch ideal als Steg, um vom Hochparterre nach unten auf den Rasen zu kommen?«

»Großartig!«, stimmte ich zu und dachte, wie gut, dass er etwas so Handfestes wie Bauingenieurswesen studierte, da hat man sowas in petto.

Wenige Minuten später war das Brett an der Balkonbrüstung angebracht. Es führte direkt nach unten auf die Rasenfläche.

»Oh, ich weiß nicht«, meinte der Katzenvater nun wieder ganz unsicher. »Das geht mir jetzt doch alles etwas schnell.«

»Worauf wollen Sie denn noch warten? Ihre beiden kommen nach einem kurzen Ausflug bestimmt wieder. Sie haben es doch so gut bei Ihnen, dies ist ihr Zuhause, und denken Sie daran, Katzen sind treu!«, redete ich ihm gut zu.

Allerdings bemerkte ich, wie Carsten Eilert zunehmend unsicherer wurde, mir fiel auf, dass er angefangen hatte zu zittern. Ich dachte, dass ihm etwas moralische Unterstützung nicht schaden könnte.

»Vielleicht machen Sie uns einen Kaffee? Mit dem können wir es uns bei diesem schönen Wetter auf Ihrem Balkon bequem machen, und dann schauen wir uns die ganze Sache von oben an.« Ich begleitete ihn in seine Folienküche und hoffte, ihn so zu beruhigen.

Schließlich war der große Augenblick da. Der Kaffee dampfte in den Tassen, und Carsten Eilert öffnete die pinkelfreie Zone Balkon. Pinkelfrei deshalb, weil Kater Eins und Kater Zwei noch nie dort gewesen waren. Ich nahm die beiden Tassen mit herrlich duftendem Kaffee und ging als Erste hinaus.

Kaum war die Tür offen, sprangen die beiden Kater hinterher, direkt auf die Balkonbrüstung. Ich setzte die Tassen ab, stützte meine Arme auf die Brüstung und sah den beiden vergnügt bei ihrer Entdeckungstour zu.

Kater Zwei kam und schmiegte sich an meine Kaffee-

tasse, sodass ich schon vermutete, dass er vor seinem Abenteuer, ehe er den Absprung wagte, noch einen Schluck nehmen wollte. Aber nein! Schon fand er die Balkonbrüstung
viel interessanter, entdeckte dabei das frisch befestigte Brett,
sprang darauf und spazierte wie selbstverständlich einfach
nach unten.

Carsten Eilert verschluckte sich an seinem Kaffee.

Kater Eins folgte, blieb jedoch, unten angekommen, in
der Nähe des Bretts stehen. Kater Zwei hatte sich inzwischen
den ersten Busch ausgesucht und markierte ihn mit Harn.

Kater Eins begriff und markierte den unteren Teil des
Bretts. Spätestens jetzt würde jede Samtpfote in dieser
Wohnsiedlung wissen, wer dort wohnte. Die beiden machten
ihre Sache gut! Kater Eins jagte sein erstes Insekt, und Kater
Zwei beobachtete zwei Spatzen in den Büschen, nicht ohne
entsprechend katzentypisch zu schnattern.

Jaja, so verdiene ich manchmal auch mein Geld, dachte ich
schmunzelnd. Ich trank meinen Kaffee, genoss die frische
Luft und freute mich für die drei. Keiner der beiden Kater
würde noch Stellen in der Wohnung markieren müssen.
Als ich mich umdrehte, sah ich, dass dem jungen Mann die
Tränen in den Augen standen.

»Was habe ich den beiden da bloß vorenthalten! Danke,
dass Sie mir die Augen geöffnet haben.«

Ich murmelte: »Ja, so einfach kann Therapie manchmal
sein. Artgerechte Haltung und fertig.«

## 15. Alkim-Alper, der tapfere Held

Es gibt einzelne Fälle, die vergesse ich nie; der von Alkim-Alper gehört dazu. Die Leidensgeschichte dieses Katers hat mich so berührt, dass ich mich ausnahmsweise persönlich engagiert habe – in der Hoffnung, ihn retten zu können.

Ich habe hin und her überlegt, ob ich das alles überhaupt aufschreiben soll, denn richtig nachvollziehen lässt sich Alkim-Alpers Leidensgeschichte nur, wenn ich auch vom Schicksal seiner Besitzerin berichte. Je länger ich mit problematischen Katzen arbeite, desto mehr bestätigt sich meine Beobachtung, dass diese intelligenten Tiere Seismografen auf vier Beinen sind. Sie nehmen lebhaft Anteil am Leben ihrer Besitzer, mit all den Problemen, die damit verbunden sein können. Je nach Katzenrasse und individuellem Charakter mal mehr, mal weniger.

Nennen wir meine Klientin Merve. Merve war türkischer Abstammung, 27 Jahre alt und bemerkenswert schön. Sie hatte eine tragische Familiengeschichte. Ihre Mutter war missbraucht und dabei ungewollt schwanger geworden. In der Folge wurde sie von ihrer Familie verstoßen – ein hartes Los, das sie völlig unverschuldet traf und bitter machte. Sie versorgte dieses Kind, die Frucht einer Gewalttat, mehr schlecht als recht. Ihre ungewollte Mutterschaft und die Tatsache, dass ihre Familie sie verstoßen hatte, waren eine schwere Hypothek für die Mutter-Tochter-Beziehung, und Merve hatte sich immer ungeliebt und einsam an der Seite ihrer Mutter gefühlt.

Merves Kater hatte etwa eineinhalb Jahre zuvor damit begonnen, sich ständig zu lecken und zu putzen. Er tat dies geradezu zwanghaft, sodass mittlerweile nicht nur sein ganzer Bauch, sondern auch seine Innenschenkel, die Flanken und die Pfoten völlig kahl geleckt waren. Merve, sehr besorgt um ihren Liebling, war zum Tierarzt gegangen. Dieser vermutete zunächst eine Futtermittelunverträglichkeit, und so wurde Alkim-Alper auf reine Frischfleischfütterung umgestellt. Er bekam zusätzlich entzündungshemmende Medikamente, zwischenzeitlich auch über längere Zeit Kortison, aber nichts half.

Schließlich hatte der Kollege mich kontaktiert. Er schilderte mir den Fall am Telefon und drückte seine Hoffnung aus, dass ich dem schwer kranken Tier helfen könnte. »Wenn Ihnen nichts einfällt, liebe Frau Kollegin, dann weiß ich auch nicht weiter. Ansonsten ist dieser Kater, so leid es mir tut, austherapiert. Dann müssen wir sehen, wie wir ihn von seinem Leiden erlösen. Das wird ganz schwer für die Halterin, sie ist über alle Maßen vernarrt in ihn. Da müssten Sie dann Überzeugungsarbeit leisten. Aber ich will nicht den Teufel an die Wand malen. Vielleicht finden Sie ja noch einen Dreh!«

Mit diesen Worten übergab er mir den Fall und ließ mir noch seine Unterlagen zukommen. Das ist nicht gerade die schönste Situation, wenn man mit seinem Spezialgebiet als letzter Notnagel einspringen muss, aber der Kollege hatte nicht übertrieben. Wie sich noch herausstellen sollte, war es in diesem Fall wirklich fünf vor zwölf.

Als ich meine neue Klientin zum vereinbarten Termin in ihrer bescheidenen Eineinhalbzimmerwohnung besuchte, erlebte ich eine schüchterne, dabei aber warmherzige und sympathische Frau, deren ganze Sorge ihrem Kater galt. Die junge Frau war auffällig schlank, ich vermutete Magersucht. Seit etwas mehr als zwei Jahren hielt sie sich den Kater als Haustier.

Sie lebte von Hartz IV, wie sie mir schon in den ersten fünf Minuten unseres Kennenlernens erzählte. Sie hätte aber seit Längerem für ihren Liebling gespart. Das Geld wolle sie nun verwenden, um mich bezahlen zu können. Eine frühere Kollegin, von der sie Alkim-Alper als kleines Kätzchen übernommen hatte, hatte ihr noch etwas Geld dazugegeben: »Ich bin im Moment nicht arbeitsfähig, ich bin in Therapie.« Sie nickte eifrig mit dem Kopf, ich nickte freundlich zurück, bemüht, so ein beruhigendes Signal zu senden.

»Merve, nun müssen Sie mir erst einmal diesen ungewöhnlichen Katzennamen erklären! Ich mag besondere Namen. Und den habe ich noch nie gehört.« Ich lächelte sie an und schaffte es tatsächlich, dass sie sich entspannte. Ihre Augen leuchteten auf.

»Ja, also, Alkim ist ein türkischer Vorname und bedeutet so viel wie ›Regenbogen‹ und ›Alper‹ steht für einen heldenhaften Mann. So habe ich mir meinen Traummann vorgestellt, einen großen starken Mann, der mich glücklich macht und Farbe in mein Leben bringt.«

Wir saßen am Küchentisch und tranken Apfeltee. Ich hatte schon einen ersten Blick auf Alkim-Alper geworfen und war erschüttert über das schwer kranke Tier, das da apathisch mit einem Plastikkragen in der Ecke döste. Das arme Tier »ertrug« dieses steife Plastikteil im wahrsten Sinne des Wortes schon seit mehr als einem Jahr. Es war gegenwärtig das einzige Mittel, das verhinderte, dass er sich die Haut aufleckte.

»Der Tierarzt hat gesagt, ich muss den Halskragen dranlassen, auch wenn Alkim-Alper immer mal wieder versucht, ihn abzustreifen. Ich kann Ihnen gar nicht sagen, wie schwer mir das fällt! Ein- oder zweimal habe ich das Teil abgenommen, aber mein Kater hat gleich wieder mit dem Lecken angefangen, und dann musste ich kämpfen, damit ich das Ding wieder dranbekam, er hat sich gewehrt und mich gekratzt«, gestand mir Merve zu Beginn unseres Gesprächs.

Das Fell war trotz des Kragens nicht an allen Stellen nachgewachsen, und der Kater hatte noch ganz kahle Flecken. Er rieb mit dem Kragen an der Wand entlang, legte sich dann auf den Boden und starrte ausdruckslos vor sich hin. Insgeheim verspürte ich die Sorge, dass man mich zu spät hinzugerufen hatte. Ich hatte meine Unterlagen auf den Tisch gelegt und forderte die junge Frau nun auf, mir zu erzählen, wie es mit dem zwanghaften Lecken angefangen hatte.

»Anfangs war er ganz niedlich und schmusig und so süß tollpatschig, einfach zum Verlieben! Ich habe viele Stunden mit ihm gespielt und geschmust. Ich liebe sein Schnurren!« Sie blickte zu ihrem Kater hinüber, die schönen Erinnerungen verzauberten ihr Gesicht.

»Ich gebe mein ganzes Geld für ihn aus, wissen Sie? Für

Spielzeug und gutes Katzenfutter, ja, und für Arztbesuche. Für mich selbst brauche ich nicht viel. Die Freundin, von der ich ihn habe, hatte auch noch Sachen für uns, einen Kratzbaum und eine Hängematte. Ich besorge ihm auch immer wieder Kartons und schneide eine Öffnung hinein. Aber er soll sich nicht so lange vor mir verstecken. Wenn ich länger nichts von ihm höre, werde ich ganz nervös. Dann schaue ich lieber nach, ob es ihm auch gut geht. Ich habe so schwere Zeiten hinter mir, aber als ich ihn bekam, ging es mir sofort besser. Mein Alkim hat mir gutgetan! Aber vielleicht tue ich ihm nicht gut ...?«

Die letzte Frage hatte sie leise und zögerlich gestellt, aber natürlich hakte ich gleich nach und wollte wissen, was sie damit gemeint hatte.

»Wie kommen Sie darauf?«

Merve schien nur darauf gewartet zu haben, dass sie jemandem ihre Geschichte erzählen konnte. So erfuhr ich von ihrem schweren Start ins Leben, von der Gefühlskälte der Mutter und davon, wie Merve mit vierzehn Jahren eine Essstörung entwickelt hatte. Sie wollte einfach verschwinden, aufhören zu existieren und hatte sich auf 43 Kilo heruntergehungert. Mit sechzehn kam sie in eine betreute Wohngruppe. Zwei Jahre später zog sie in eine eigene kleine Wohnung, in der sie zum Zeitpunkt, als ich sie besuchte, noch immer wohnte. Sie hatte ein paar Therapien begonnen und abgebrochen. Als Alkim-Alper zu ihr kam, schien auf einmal die Sonne Einzug in ihr Leben zu halten. Sie stabilisierte sich, konnte ihr Gewicht bei 48 Kilo halten.

»Ich bin regelmäßig zu den Therapiesitzungen gegangen,

und wenn ich wiederkam, hat er auf mich gewartet. Das war so schön! Aber ein halbes Jahr später starb meine Mutter an Krebs. Da war ich oft sehr traurig und habe viel geweint. Alkim-Alper hat immer versucht, mich zu trösten, und manchmal hat er das auch geschafft. Aber ich hatte einfach keine Lust mehr, die Freunde aus der Wohngemeinschaft zu treffen. Dann habe ich mich nur noch um ihn gekümmert. Er ist mein Ein und Alles. Sie müssen ihm helfen, bitte«, flehte sie mich an.

Wie sich herausstellte, hatte der Tod der Mutter Merve in eine tiefe emotionale Krise gestürzt, und sie hatte ihre Therapie erneut abgebrochen. In der Folge entwickelte sie eine Trichotillomanie, eine Zwangserkrankung, bei der sich die Betroffenen die Haare ausreißen.

»Ich habe mich geschämt, bin nur noch selten aus dem Haus gegangen und wenn, dann nur zum Einkaufen und mit Kopftuch. In dieser Zeit habe ich auch angefangen, mir um Alkim-Alper Sorgen zu machen. Anfangs habe ich mir ja nichts dabei gedacht, als er sich immer öfter geleckt hat. Aber dann hat er sich das ganze Fell weggeleckt, an immer mehr Stellen! Er ließ sich kaum noch davon abhalten. Er hatte sich sehr verändert, zog sich von mir zurück, wollte auch nicht mehr richtig fressen. Da bin ich dann mit ihm zum Tierarzt gegangen ...«

Sie schwieg erschöpft.

Bei meinem Hausbesuch war der Kater in einem schlechten Zustand. Ich war schon mit einer Verdachtsdiagnose gekommen, der Anamnesebogen und die Faxunterlagen hatten das nahegelegt, und nun war ich sicher: Alkim-Alper litt unter einer schweren Form von psychogener Alopezie, einer psychisch bedingten Haarlosigkeit. Er spiegelte Merves Krankheit und war so selbst krank geworden.

Es gab keinen weiteren Stressor, der diese Erkrankung bei ihm hätte auslösen können, in dieser kleinen Wohnung gab es alles, was ein Wohnungskater brauchte. Wirklich alles! Ich erklärte meiner Klientin die Zusammenhänge, war genauso offen zu ihr wie sie zu mir.

»Ja, Sie haben recht, Merve, Ihre eigenen Probleme sind zu belastend für Ihren Kater. Ich weiß ehrlich gesagt noch nicht, ob ich Ihren Alkim-Alper retten kann.« Sie nahm es schwer auf und bekam einen Weinanfall, als ich ihr das sagte.

»Sein Zustand ist dramatisch, er ist mir vielleicht zu spät zur Behandlung vorgestellt worden. Und außerdem können wir die eigentliche Ursache für seine Symptome, Ihre eigene psychische Erkrankung, ja nicht einfach abstellen.«

Unter Tränen schüttelte Merve den Kopf, in ihren schmalen, feinen Gesichtszügen spiegelte sich große Traurigkeit.

Aber ich wollte noch nicht aufgeben: »Wir können es probieren, im ersten Schritt können wir allerdings nur die Symptome bekämpfen. Dazu würde ich Ihren Kater mit Psychopharmaka behandeln, ihn so stützen. Ich muss Ihnen aber ganz klar dazu sagen: Es ist ein Therapieversuch mit unsicherem Ausgang. Ob die Medikamente in diesem schweren Fall noch Erfolg bringen? Ich kann es nicht garantieren.«

Wie nicht anders zu erwarten, stimmte Merve meinem Vorschlag dennoch zu. Für sich selbst etwas zu tun, dazu fehlte ihr anscheinend die Kraft, aber sie wollte alles tun, um Alkim-Alper zu helfen.

Der Kater wurde von mir auf zwei Medikamente eingestellt, die sie ihm nun regelmäßig verabreichte: Dann hieß es abwarten. Es würde acht Wochen und länger dauern, ehe sich der Wirkspiegel aufgebaut hatte. In dieser Zeit konnten wir ihm den Halskragen nicht ersparen.

Auch seiner Halterin hatte ich Verhaltensregeln verordnet. Ich hatte ihr klargemacht, dass sie ihn loslassen musste, wenn die Therapie anschlagen sollte. Alle zwei Wochen telefonierten wir, ansonsten schrieb sie mir E-Mail-Protokolle, die aber alle nichts Gutes verhießen. Ich entnahm ihnen, dass sie das Haus nun gar nicht mehr verließ. Sie kam leider auch nicht gegen ihr Kontrollverhalten an, gab an, dass sie ihrem Kater sofort hinterherging, wenn er auch nur aus dem Wohnzimmer lief. Er war wohl keine Sekunde unbeobachtet. Und nachts schlief sie schlecht, sie hatte einfach zu viel Angst um ihren kleinen Helden.

Vier Monate vergingen bis zum Folgetermin, dem ich entsprechend skeptisch entgegensah. Wir wollten testen, inwieweit die Medikamente angeschlagen hatten und was passieren würde, wenn Merve ihrem Kater den Kragen abnahm. Er konnte ja nicht auf Dauer in seinen ganzen Bewegungsabläufen eingeschränkt bleiben.

Ich hatte meine Kamera mitgebracht, um das Verhalten zu filmen, doch bereits nach wenigen Sekunden schaltete ich sie wieder ab. Es hatte sich nichts geändert. Kaum dass der Schutzkragen ab war, begann Alkim-Alper, sich zu lecken und zu putzen. Es war kein arttypisches Putzverhalten, es war ein Zwang. Wir versuchten ihn abzulenken. Merve sprach mit Koseworten auf ihn ein, versuchte, sein Köpfchen etwas vom Körper wegzudrehen. Sie streichelte ihn vorsichtig, kraulte ihn hinter den Ohren, blies ihm ins Gesicht. Aber er war nicht ansprechbar, alle Ablenkungsmanöver vergeblich.

Wir konnten nicht länger zuschauen, sonst würde er sich in kürzester Zeit wieder selbst verletzen. Schweren Herzens legten wir ihm den Plastiktrichter wieder an. Merve weinte hemmungslos, drückte ihren Kater dabei an sich.

Ich überließ sie eine Weile ihren Tränen, zu groß waren ihre Erwartungen gewesen. Schließlich versuchte ich, sie so gut es ging zu trösten, und sprach beruhigend auf sie ein. Dann machte ich ihr einen Vorschlag, der ihr enorm viel abverlangen würde.

Ich sah Alkim-Alpers letzte Chance darin, ihn aus seinem sozialen Umfeld herauszunehmen und in ein gesundes, sozial stabiles Umfeld umzusetzen, wo ihm vieles begegnen würde, was ihn von seinem Zwang ablenken könnte. Der verstörte kleine Kerl sollte Freigang bekommen, er würde auf einen Artgenossen treffen, viel Platz haben, psychisch gesunde Menschen um sich herum haben und reichlich Rückzugsmöglichkeiten. Mit anderen Worten: Ich hatte für ihn, so hart es auch klang, eine Zukunft ohne sein Frauchen geplant. Dies war die allerletzte Chance für ihn.

Aber ich hatte dabei auch die junge Frau im Blick. Ich würde ihr die schwere Entscheidung abnehmen, falls wir den Kater doch einschläfern müssten.

»Das wollen wir alle nicht hoffen, aber ich will Ihnen nichts vormachen, darauf läuft es hinaus, wenn abzusehen ist, dass er es nicht schafft. Natürlich würde ich das nicht ohne Ihre Einwilligung tun«, versicherte ich ihr. »Aber wenn alles gut geht, können Sie ihn bei uns besuchen kommen, sobald er sich stabilisiert hat.«

Ich schilderte ihr, wie gut es ihr Kater bei uns haben würde und dass er dadurch ja auch unter ständiger ärztlicher Aufsicht stehen würde.

Noch immer flossen die Tränen, doch Merve überwand sich und stimmte schweren Herzens zu. Sie sah es als Zeichen ihrer Liebe, und das war es letztlich ja auch.

Ich freute mich für den Kater: »Das ist sicherlich ein eher ungewöhnlicher letzter Therapieversuch, aber ich möchte ihm gerne diese Chance geben.« Wir vereinbarten, dass ich sie über alle Schritte, Veränderungen und Entwicklungen auf dem Laufenden halten würde.

Ich ging hinunter zu meinem Auto. Mir war klar, dass sie Zeit brauchen würde, um sich von ihm zu verabschieden; es war nicht sicher, ob sie ihn lebend wiedersehen würde! Nach einer Viertelstunde kam sie mit dem Katzenkorb nach unten auf die Straße. Wir weinten beide, umarmten uns und sahen uns lange in die Augen. Ich bewunderte ihre Stärke. Loslassen ist fast das schwerste Opfer, das man bringen kann.

So fuhr ich mit Alkim-Alper zu mir nach Hause. Der Katzenkorb stand auf dem Beifahrersitz, sodass ich den kleinen Kerl die ganze Fahrt hindurch immer mal wieder durch das Türchen kraulen konnte. Merve hatte mir noch gesagt, dass er sich bislang bei jeder Autofahrt erbrochen habe. Doch dieses

Mal passierte nichts. Er schnurrte und drückte sein Köpfchen in meine Hand.

Zu Hause angekommen, brachte ich den Korb ins Wohnzimmer, baute zwei Katzenklos auf, stellte einen Napf mit Frischfleisch auf den Boden, öffnete den Transportkorb und nahm dem Kater den Halskragen ab. Unser Neuzuwachs kam vorsichtig heraus – und versteckte sich sofort unter unserem Sofa. Ich ging davon aus, dass wir ihn die nächsten Tage nicht zu Gesicht bekommen würden, aber ich täuschte mich. Nach nur zehn Minuten kam der kleine Held wieder hervor, machte sich über das Frischfleisch her und stolzierte durch unser Wohnzimmer, um es sich schließlich unter dem Esstisch auf unserem Teppich gemütlich zu machen.

Dass es so unkompliziert sein würde, hatte ich nicht erwartet. Ich machte Fotos, filmte auch und rief Merve an, um ihr zu berichten. Das Schönste war, dass Alkim-Alper gar nicht daran dachte, sich zu putzen oder zu lecken. Genau diese Reaktion hatte ich erhofft. Es begannen die wohl spannendsten Tage in seinem Katzenleben, denn nie zuvor hatte er einen Artgenossen gesehen oder Freigang gehabt.

Die erste Begegnung mit unserem Paule verlief wie im Bilderbuch. Natürlich wirkte unser Kater etwas pikiert, als am Abend in »seiner« Küche noch ein anderer Kater herumlief. Ich war im Geiste auf alles vorbereitet: auf Flucht, Angriffe, Kämpfe, aber nichts in dieser Art geschah. Paule saß einfach nur da, unbeeindruckt und gelassen, und wartete darauf, dass man ihm sein Futter gab und er endlich fressen konnte.

Alkim-Alper schien der ganzen Angelegenheit dagegen

zunächst nicht zu trauen. Ganz langsam pirschte er sich an den fressenden Paule heran und beschnupperte mit aller Vorsicht und großer Neugierde Paules Fell. Der fraß unbeirrt weiter und machte schließlich Platz. Alkim-Alper fraß den Napf leer.

So saßen die beiden Kater nun da und fragten sich wohl, wo der jeweils andere denn eigentlich so plötzlich hergekommen sei. Ich vertraute Paule und hatte deshalb auf eine sorgsam geplante Zusammenführung verzichtet. Diese hätte sonst üblicherweise vierzehn Tage gedauert. So viel Zeit hatten wir nicht.

Stunden waren vergangen, und Alkim-Alper zeigte nach wie vor ein normales arttypisches Putzverhalten, kein Zwangsverhalten. Dieser Anblick machte mich glücklich, aber ich wusste auch, dass das erst einmal noch nicht viel zu bedeuten hatte.

So vergingen die Tage. Alkim-Alper musste sich an viele neue Dinge gewöhnen, doch er schaffte das recht gut. Ich schnipste den beiden Katern Leckerlis über den Boden, ein Spiel, das die beiden liebten und das sie in Atem hielt. Selbst wenn meine Hunde mal bellten, zeigte er sich unbeeindruckt. Er erkundete das ganze Haus und die Terrasse. Eines Tages traute er sich von der Terrasse die Treppen hinunter in den Garten.

Was für ein Held, dachte ich und mir stiegen Tränen in die Augen. Dieser kleine Kater hatte so vieles noch nie zuvor in seinem Leben gesehen! Hier fiel ein Blatt hinunter, dort tropfte es, er spürte Erde und Gras unter seinen Samtpfoten, roch Bäume, sah andere Tiere, jagte einem Schmetterling hinterher. Schließlich traute er sich sogar gemeinsam mit Paule auf den Weg in Richtung Wald, der an unser Grundstück grenzte. Dort war dann allerdings seine Grenze, weiter ging er nicht. Und wenn ihm irgendetwas unheimlich war, lief er flott wieder zurück, die Treppen hoch auf die Terrasse und blieb im Wohnzimmer.

Meine Freundin Sylvie erklärte sich zur Patin von Alkim-Alper und überwies mir eines Abends fünfzig Euro mit dem Betreff: »Für den kleinen Helden. Von seiner Patentante.« Wie verrückt, dachte ich und rief sie gleich an. Ich solle das Geld für ihn ausgeben, meinte sie, und Einwände waren zwecklos, dafür kannte ich sie gut genug. Sie war bereits die Patentante meiner Hunde Moses und Jarda. Mein Pferd Otwin war ebenfalls ihr »Patenkind«; für den Fall, dass mir etwas zustoßen sollte, würde sie ihn in Obhut nehmen. Das alles hatten wir vor vielen Jahren vereinbart. Auf sie war immer Verlass. Jeden Tag erkundigte sie sich nun nach Alkim-Alper und hoffte wie ich, dass er seine Chance nutzen würde. Alkim-Alper war unser aller Liebling geworden.

So vergingen elf wunderschöne, spannende und sehr abwechslungsreiche Tage in Alkim-Alpers Leben. Dann kippte es. Er hatte sich an die vielen Veränderungen und Ablenkungen in seinem neuen Leben gewöhnt und fiel in sein altes krankes Verhaltensmuster zurück. Er leckte und putzte sich wieder zwanghaft, knabberte an sich herum und war in sich gekehrt. Die ersten Wunden entstanden, und es war klar, dass nicht mehr viel Zeit verstreichen durfte, bis diese versorgt werden müssten, er also auch wieder den Kragen zum Schutz tragen müsste. Ich rief Merve an. Zwei Tage noch, sagte ich ihr. Länger könne ich nicht warten. Es solle ihm nicht wieder so schlecht gehen. Wir weinten.

Alkim-Alper schaffte es nicht. Traurig fuhr ich mit ihm zu einer befreundeten Kollegin. Conny, die in Berlin-Lankwitz praktizierte, sollte ihn auf seine letzte Reise schicken. Sie hat eine besondere Verbindung zu Tieren. Sie fragt nicht nur die Besitzer, ob sie bereit seien. Sie ist den Tieren sehr nahe, und es ist fast so, als würde sie auch das Tier fragen, ob es bereit sei. Wir streichelten den kleinen tapferen Kater, der angstfrei, ohne Schmerzen und ohne jeglichen Stress in meinen Händen einschlief. Ich hatte so sehr gehofft, er würde es schaffen. Wir alle hatten es gehofft. Ich weinte hemmungslos. So wie ich in diesem Moment weine, in dem ich diese Zeilen schreibe.

Merve kam, wie vereinbart, eine halbe Stunde später dazu. Da saßen wir nun alle und weinten um den Kater, der über die Regenbogenbrücke gegangen war und ausgerechnet Alkim hieß. Alkim, der Regenbogen.

Wir begruben ihn im Garten an der Grenze zum Wald. Auf seinem Grab liegt ein schwerer flacher Stein. Darauf ein von Merve beschrifteter weißer Stein mit einer Rose.

## 16. Ein Spiegel zu viel

Jana Meißner lebte mit ihrem Kater Jackie in einer Vierzim-
mer-Altbauwohnung in Berlin-Wilmersdorf. Die Verwal-
tungsangestellte war Mitte dreißig und Single. Einen Partner
hatte sie schon seit Jahren nicht mehr gehabt. Sie fühlte sich
von Jackie besser verstanden als von einem Mann.

Wie immer bei meinen Hausbesuchen fand zuerst eine
Wohnungsbegehung statt. Von einer großen Wohnküche
gingen zwei Flure ab und von jedem dieser Flure zwei große
Zimmer. Mit der Einrichtung der Räume hatte sich meine
Klientin offensichtlich große Mühe gegeben. Alles wirkte
sehr elegant und stilvoll, alles passte perfekt zusammen. Dennoch fühlte ich mich ausgesprochen unwohl. Der Grund lag
auf der Hand beziehungsweise hing an der Wand. Es gab
hier so viele Spiegel. Zu viele! Allein im ersten Flur zählte ich
zwölf Spiegel, in dem anderen kam ich sogar auf fünfzehn.
Und es waren nicht gerade kleine Exemplare! Man fühlte sich
wie in einem Spiegellabyrinth auf dem Jahrmarkt – unter
Dauerbeobachtung.

Das Anamnesegespräch führten wir an einem Glastisch in
der Küche. Frau Meißner bot mir einen ihrer Designerstühle

an, die um den Tisch herumstanden. Ich war schon fast erleichtert, als ich bemerkte, dass es in der Küche nur drei Spiegel gab, und konnte mir einen entsprechenden Kommentar
zu Beginn unseres Anamnesegesprächs auch nicht verkneifen. Dann widmeten wir uns Jackies Problem, und ich wurde
auf den aktuellen Stand gebracht: »Mein armer Kater! Seine
Haut scheint permanent zu jucken; er kratzt sich unaufhörlich, aber unser Tierarzt findet die Ursache einfach nicht. Vor
zwei Wochen habe ich Jackie auf sein Anraten hin in eine
Kleintierklinik gegeben. Dort wurden viele weiterführende
Untersuchungen gemacht. Stolze 672 Euro hat mich das
Ganze gekostet, und wofür? Das wäre ja in Ordnung, wenn
es was gebracht hätte, aber die Hautärzte dort haben nichts
gefunden, absolut nichts!«

Frau Meißner seufzte, nahm die Brille ab und rieb sich
kräftig die Nasenflügel.

»Sechs Tage lang war Jackie dort stationär! Es hat ihm zum
Glück nicht geschadet, aber ich habe ihn so vermisst! Ich war
heilfroh, als ich ihn dann endlich wieder mit nach Hause
nehmen konnte.«

Jana Meißner überreichte mir stolz einen Ordner von
der Klinik, in dem die Untersuchungsergebnisse abgeheftet
waren. Dazu merkte sie an: »Meine Ansprechpartnerin dort
war immer dieselbe Tierärztin. Die hat sich um die ganzen
Untersuchungen gekümmert. Komischerweise konnte auch
sie nicht den geringsten Auslöser für seinen Juckreiz finden,
aber sie hat uns trotzdem vorsichtshalber ein mildes, juckreizstillendes Medikament mitgegeben.«

Inzwischen sprachen wir schon seit knapp einer Stunde,

und es war nicht zu übersehen, dass sich meine Klientin dabei unaufhörlich kratzte. Am Dekolleté, im Gesicht, an den Unterarmen und an den Händen – überall schien es sie zu jucken. Jede Hautpartie, die ihre tief ausgeschnittene Bluse und die kurzen Ärmel frei ließen, wurde ausgiebig bearbeitet. Vielleicht litt sie an atopischer Dermatitis? Oder machte sie das nur aus Nervosität? Ich fragte sie, ob sie aufgeregt sei.

»Ich bin doch nicht aufgeregt!«, wies Frau Meißner meine Frage zurück. Ich musste wohl skeptisch geschaut haben. »Kein bisschen! Mir geht es gut«, beteuerte sie noch mal.

Ich ließ das zunächst so im Raum stehen, aber ihr dauerndes Kratzen irritierte mich. Ich erwischte mich selbst dabei, wie ich anfing, an meinen Händen herumzufuhrwerken.

In diesem Augenblick kam Jackie in die Küche, sprang auf den Glastisch, schaute mich an, und es ging los. Er kratzte sich am ganzen Körper, überall dort, wo seine Hinterbeinchen hinkamen. Er kratzte, kratzte und kratzte. Dabei sah er mich weiterhin an und schnurrte sogar.

Jackie war ein wunderschöner schwarzer Kater mit weißen Pfoten und einem weißen Fleck auf der Stirn. Er hatte sich, wie Katzen das so oft machen, direkt auf meine Unterlagen gelegt. Immer wenn er eine kurze Kratzpause einlegte, angelte er mit einer Vorderpfote nach meinem Kugelschreiber.

Das passte alles nicht zusammen! Kein Schlagen mit dem Schwanz, keine neurovegetative Beteiligung, eigentlich ein fast tiefenentspannter Kater. Doch da war dieses fortwährende Gekratze, wobei er sich die Haut aber nicht verletzte.

Plötzlich hörte Jackie das Maunzen der Nachbarskatze im Hof, sprang auf und entschwand in einen der Flure. Ich stand vor einem Rätsel. Zugleich machte es mich nervöser und nervöser, dass Jana Meißner sich dauernd an den verschiedensten Hautstellen rieb. Ich konnte mich nicht länger zurückhalten und fragte: »Was haben Sie denn für eine Hauterkrankung, atopische Dermatitis?«

»Wie kommen Sie denn auf die Idee, dass ich eine Hauterkrankung hätte?«, entgegnete sie schnippisch.

»Na ja, Sie kratzen sich, seit wir hier zusammensitzen, und ehrlich gesagt, ich kann mich gar nicht konzentrieren. Mich macht das ganz kirre.«

Just in dem Moment kam Kater Jackie wieder und setzte sich in den mittleren Teil des langen Flures. Ich konnte ihn nicht direkt sehen, aber die vielen Spiegel hatten auch ihr Gutes. Da machte ich eine interessante Beobachtung. Jackie saß da – und kratzte sich nicht. Ich wollte noch etwas Zeit gewinnen, die Situation weiter beobachten und wandte mich daher noch einmal den Befunden aus der Kleintierklinik zu.

Schließlich kam Jackie zurück in die Küche, wo er prompt wieder anfing, sich zu kratzen. Ein seltsames Gefühl von Ärger, ja Wut stieg in mir hoch. Ich horchte in mich hinein. Machte mich meine Hilflosigkeit so wütend? Weil ich mir Jackies Problemverhalten nicht erklären konnte? Oder war es Jana Meißners Verhalten? Jedenfalls war ich irgendwie gereizt. »Nun hören Sie doch bitte mal auf, sich andauernd zu kratzen!«

»Ich kratze mich doch gar nicht!«, behauptete meine Klientin und schüttelte ärgerlich den Kopf.

Ich fühlte, wie der Ärger in mir weiter aufstieg. Also holte ich einmal tief Luft, und mein professionelles Selbst gewann die Oberhand. Kater Jackie war nun in den zweiten Flur entschwunden. Wieder konnte ich ihn dank der vielen Spiegel dort genau beobachten. Er saß im Türrahmen zum Schlafzimmer – und kratzte sich wieder nicht! Ein Verdacht keimte in mir auf. Ich rief Jackie zu uns in die Küche. Er kam, legte sich vor den Stuhl, auf dem seine Besitzerin saß, und begann mit einer neuen Kratzorgie. Nun begriff ich es, und mir kam auch gleich eine Idee.

»Haben Sie starkes Klebeband da, Frau Meißner?«

»Ja, ich denke schon. Warum?«

Das zwanghafte Kratzen von Jackie und seinem Frauchen musste irgendwie zusammenhängen. Wir besprachen mein Vorhaben.

Da der Verwaltungsangestellten bislang nicht einmal aufgefallen war, dass auch sie sich andauernd kratzte, war sie auch nicht in der Lage, dieses Verhalten zu beenden. Daher wollte ich ihre Hände vorübergehend mit Klebeband auf dem Glastisch fixieren. Anders würde sie ihren Impuls nicht wahrnehmen können, und ich würde keine Minute Ruhe in diese Frau bekommen.

Dies aber war wichtig für die endgültige Diagnose. Um sie ruhigzustellen, schien mir Klebeband gut geeignet. Nicht dass ich Erfahrung damit hatte, aber mit spontanen Ideen habe ich schon oft gute Resultate erzielt.

Jana Meißner war bereit mitzuspielen. Sie erhob sich und ging in den rechten Flur. Ich hörte, wie sie eine Schranktür öffnete. Mit einer Rolle doppelseitigem Klebeband kam sie zurück in die Küche. Kater Jackie war inzwischen wieder in dem Zimmer verschwunden, das wohl zum Hof hinausging. Die Nachbarskatze schien ihn mehr zu interessieren als unser Tun.

Ich war damit beschäftigt, die Hände seines Frauchens auf dem Glastisch festzukleben. Vielleicht hätte eine einzige Lage Klebeband auch gereicht, aber ich wollte sichergehen, dass genügend Widerstand da wäre, und klebte gleich mehrere Lagen über jede Hand.

Nun wurde meiner Klientin doch etwas mulmig. »Wollen Sie mir vielleicht auch noch den Mund zukleben und meine Kreditkarten stehlen?«, fragte sie halb scherzhaft.

»Ja, das wäre jetzt die passende Gelegenheit!«, ging ich darauf ein, merkte aber, wie ich etwas errötete.

Was ich ihr zumutete, setzte natürlich viel Vertrauen voraus. Aber das sollte man haben, wenn man sich an einen Arzt wendet, insbesondere wenn dieser ein problematisches Verhalten analysieren muss. Die Atmosphäre entspannte sich wieder. Jana Meißner saß nun mit fixierten Händen an ihrem Küchentisch, und ich rief Kater Jackie hinzu. Wenn nur alle Hunde meiner Klienten ein so gut trainiertes Rückrufsignal hätten wie dieser Kater! Er kam umgehend und legte sich vor meinen Stuhl.

Ich war begeistert von seiner Folgsamkeit, vor allem aber von der Tatsache, dass er sich nun nicht kratzte. Das ist noch keine placebokontrollierte Doppelblindstudie, die signifikante Ergebnisse liefert, dachte ich bei mir und versuchte, meine Euphorie im Zaum zu halten. Doch ich hatte zunehmend Spaß an meinem Experiment und wies meine Klientin auf die Veränderung hin.

»Fällt Ihnen auf, dass Ihr Kater sich jetzt nicht kratzt?«

Jana Meißner hatte es bemerkt. Aber ob sie auch spürte, was ihr eigenes Verhalten damit zu tun hatte? Ich befreite sie von dem Klebeband.

»Sie glauben also, Jackie hat eine Macke?«, fragte sie mich.

»Nein, ich glaube, Sie haben eine Macke, und Jackie spiegelt sie nur!« Ich lachte herzhaft und hoffte, dass sie mir meine spitze Bemerkung nicht übelnahm.

Aber sie hatte noch nicht verstanden. Sie schien vor sich hin zu grübeln, während ich mir weiter Notizen machte. Sie kratzte sich dabei ausgiebig am Dekolleté. Und prompt fing auch Jackie wieder an, sich zu kratzen. Seiner Besitzerin fiel das allerdings nicht auf. Sie fragte mich, ob ich vielleicht ein anderes juckreizstillendes Medikament für Jackie wüsste, denn die Klinik habe ihr zwar eines mitgegeben, aber das helfe ja offensichtlich nicht.

Ich war frustriert und brummelte in mich hinein, dass sie eher selbst eines bräuchte, aber sicher nicht ihr Kater.

Wie konnte ich meiner Klientin nur zur Selbsterkenntnis verhelfen? Ich schlug eine zweite Versuchsreihe vor. So leicht würde ich nicht aufgeben! Wieder klebte ich ihre Hände auf dem Glastisch fest. Wieder erschien Kater Jackie in der Küche, fraß ein wenig Trockenfutter und legte sich auf den Herd, während er Jana Meißner anschaute. Er kratzte sich nicht.

Ich bin eigentlich kein sehr geduldiger Mensch, aber wir probierten eine geschlagene Stunde lang aus, ob sich Jackie auch kratzen würde, wenn Jana Meißner selbst nicht die Möglichkeit dazu hatte. Immer wieder klebte ich ihre Hände an der Glasplatte fest – und sobald sie sich nicht unkontrolliert und zwanghaft kratzen konnte, ließ ich Jackie in ihre Nähe.

Wir testeten das auch noch im Wohnzimmer und im Badezimmer. Die geräumige Wohnung bot viele Tische und andere Flächen, auf denen ich ihre Hände vorübergehend fixieren konnte.

Als das Material fast aufgebraucht war und ich mit meinen klebenden Handfesseln zum Ende kommen musste, stand eindeutig fest, dass sich Kater Jackie immer nur dann kratzte, wenn er direkten Blickkontakt zu seiner Halterin hatte und wenn er sich mit ihr in ein und demselben Raum befand.

Hatte sie selbst aber keine Möglichkeit, sich zu kratzen, kratzte sich auch Jackie nicht. Er kratzte sich auch nicht, wenn er in einem der Flure war, während Jana Meißner in der Küche saß und sich kratzte. Das war über die vielen Spiegel gut zu sehen.

Langsam, aber wirklich nur sehr langsam, verstand meine Klientin. Es gab in dieser Wohnung definitiv einen Spiegel zu viel. Dieser hatte vier Beine und hieß Jackie.

Jackie spiegelte sein Frauchen.

Wir einigten uns darauf, dass Jana Meißner einen Facharzt für Hauterkrankungen konsultieren sollte und sich außerdem bei einem Psychotherapeuten vorstellen würde. Ich persönlich glaubte nicht an eine Hautkrankheit. Ich vermutete eher, dass sie unter einem Zwangsverhalten litt.

Schließlich packte ich meine Sachen zusammen, und wir verabschiedeten uns. Wir waren beide ziemlich erschöpft. Im Auto holte ich mein Käsebrot aus dem Rucksack und stellte dabei fest, dass ich das Klebeband versehentlich eingesteckt hatte. Und obwohl mich niemand sah, errötete ich noch einmal.

## 17. Persinese Mustafa

Anneliese Berger machte sich Sorgen um ihren Perserkater Mustafa.

»Guten Abend, Frau Doktor Werner. Ich habe zwei Lieblinge. Mit meiner Hündin Hedi ist eigentlich alles in Ordnung, aber mein Kater Mustafa ist mein Problemfall! Ein bildschöner junger Perser, es könnte alles so schön sein – aber irgendwie weiß er nicht, wer er ist! Er treibt mich damit noch zum Wahnsinn! Ich habe ihn noch nie miauen hören, und er spielt auch nicht – er springt auf keine dieser typischen Katzenspiele an. Er will auch nicht zu mir ins Bett kriechen. So etwas habe ich noch bei keiner meiner Katzen erlebt.«

»Aha, Sie sind also eine erfahrene Katzenhalterin?«, kommentierte ich das Gehörte.

»Oh ja. Mustafa ist mein dritter Kater. Eigentlich züchte ich Pekinesen. Aber mein Leben wäre ohne eine Katze nicht komplett!«

Wir mussten beide lachen, dann erzählte Frau Berger weiter.

»Also, was Mustafa betrifft, so frage ich mich schon, ob er vielleicht minderbegabt ist? Gibt es so etwas bei Katzen –

dass sie geistig behindert sind oder so? Damit käme ich schon klar, aber dann wüsste ich zumindest Bescheid und könnte ja vielleicht spezielle Übungen mit ihm machen, ihn irgendwie fördern, damit er endlich mal lernt, wie man sich als Katze so benimmt...«

Frau Berger hatte zuletzt immer leiser gesprochen.

Ich stellte ein paar gezielte Fragen und fasste dann zusammen: »Frau Berger, habe ich Sie richtig verstanden? Sie wenden sich an mich, weil Ihr Mustafa zwar eindeutig wie eine Katze aussieht, sich aber nicht wie eine solche benimmt? Er hat, seitdem er auf der Welt ist, noch keine katzentypischen Sprünge gezeigt und weiß zum Beispiel auch nichts mit einem Kratzbaum anzufangen. Wenn Sie ihn daraufsetzen, bleibt er da oben stocksteif hocken, bis Sie ihn wieder herunterheben?«

»Ja, so kann man es ausdrücken«, stimmte mir meine Anruferin zu. »Unser Tierarzt hat mir empfohlen, mich an Sie zu wenden. Er hat Mustafa untersucht, aber nichts gefunden. Mustafa ist nicht körperlich behindert und hat auch kein orthopädisches Problem.«

»Das klingt in der Tat nach einem interessanten Fall. Ich würde ihn mir gern einmal ansehen.«

Wir besprachen das Ausfüllen des verhaltenstherapeutischen Fragebogens und vereinbarten einen Termin in zwei Wochen. Frau Berger lebte mit ihrem Hund und ihrem Kater im äußersten Südwesten Berlins, im dörflichen Gatow. Sie war 39 Jahre alt und arbeitete an drei Tagen in der Woche als Fremdsprachensekretärin.

Ich freute mich auf den Fall. Es würde sicher eine simple

Erklärung für Mustafas ungewöhnliches Verhalten geben und damit auch eine einfache Lösung. So hoffte ich es zumindest, als ich 14 Tage später tiefenentspannt nach Gatow fuhr.

Als mir Anneliese Berger die Wohnungstür öffnete, kam mir ein wuseliges Etwas entgegen. Ich musste zweimal hinschauen: Wo war da vorne, wo hinten? So viel Fell!

»Guten Tag, Frau Doktor Werner. Da lernen Sie gleich als Erstes meine Pekinesen-Hündin Hedi kennen!«

Meine Klientin und ich lächelten uns freundlich an und gaben uns die Hand. Dann beugte ich mich zu Hedi herab und ließ sie an meiner Hand schnuppern. Ich streichelte der Hündin über ihr weiches Fell. Dabei hätte ich fast vergessen, dass mein Patient ja ein Perserkater sein sollte, doch plötzlich tauchte da noch so ein Modell auf, mit noch üppigerem Haarkleid.

»Ja, ja, ich weiß, die sehen sich wirklich ähnlich«, meinte Anneliese Berger. In der Tat, dachte ich bei mir.

»Das ist Mustafa, mein Perser.«

Mustafa war aber nicht etwa gekommen, um mich zu begrüßen, sondern um Hedi am Hinterteil zu schnüffeln, dann ihre Nase anzustupsen und ihr schließlich mit der rauen Zunge durch das üppige Haarkleid zu gehen. Ich wurde von ihm schlichtweg ignoriert.

Wir setzten uns ins Wohnzimmer. Ein katzengerechtes Zimmer mit allem, was das Herz einer »Indoor-Katze« so begehrt: zwei große Kratz- und Kletterbäume, Versteckmöglichkeiten, Knistertunnel, Spielmäuse und vieles mehr. Alles ungenutzt! Mustafa bewegte sich ausschließlich auf dem Boden und weigerte sich, die Welt in einer weiteren Dimension zu erkunden.

Wir gingen gerade den zweiten Fragebogen durch, da trabte Pekinesen-Dame Hedi an uns vorbei in ihr Körbchen, mit Mustafa in ihrem Windschatten. Die beiden Fellmonster gaben ein goldiges Bild ab: Mustafa, der Kater, kuschelte sich an seine Adoptivmama Hedi, die Pekinesen-Hündin. Hedi gab zufrieden grunzende Laute von sich, und dann schliefen beide ein.

Mir wurde ganz warm ums Herz. Ich bemerkte nun wieder ganz professionell, dass die beiden sich ja ziemlich mögen würden. Die erste Diagnose stand, und ich hätte die beiden jetzt am liebsten nur noch beobachtet. Die Szene hatte etwas ungemein Beruhigendes.

Frau Berger schmunzelte und erzählte mir von Hedi und Mustafa und vor allem davon, was die beiden verband. Sie hatte Mustafa bekommen, als er zwei Tage jung war. Ein Winzling. Seine Mutter war bei der Geburt gestorben. Es war ein Einlingswurf gewesen.

»Ich bin aktives Mitglied in einem Katzenschutzverein, und ich habe Ihnen ja schon erzählt, dass ich erfolgreich Pekinesen züchte. Es war ein großer Schock für mich, als Hedi vor einem Jahr diesen Unfall hatte. Sie war mit zwei Welpen tragend, als sie auf die Straße lief! Meine Hedi konnte in einer Notoperation gerettet werden, aber ihre Welpen nicht. Sie hätten wenige Tage später auf die Welt kommen sollen.

Ich war am Boden zerstört und hatte eigentlich gar keine Lust, ans Telefon zu gehen, als es am selben Abend klingelte.

Es war der Vorsitzende unseres Katzenschutzvereins, der mir von seinem Notfall erzählte: ›Anneliese, wir haben hier ein Katzenjunges, einen Kater. Er heißt Mustafa, gestern geboren, eine Waise. Kannst du ihn vielleicht mit der Flasche aufziehen? Wir übernehmen auch die Vermittlung, sobald er alt genug ist.‹«

Frau Berger hing den Erinnerungen an diesen Abend einen kurzen Moment nach, dann besann sie sich und fuhr fort:

»Wissen Sie, Frau Doktor, ich habe nicht zum ersten Mal Katzenwaisen mit der Flasche aufgezogen, aber damals hatte ich eine frisch operierte Pekinesen-Zuchthündin zu Hause! Trotzdem kam dieser Anruf im richtigen Moment, denn bei Hedi war die Milch eingeschossen, und ihr Hormonhaushalt hatte sich ganz auf das Muttersein eingestellt. Deshalb habe ich zugesagt und mir Mustafa bringen lassen.

Er war winzig klein, so schutzbedürftig, ganz alleine auf dieser Welt, eingewickelt in wärmende Decken. Ich weiß noch, wie ich ihn zu Hedi ins Körbchen gelegt habe. Sie hat augenblicklich damit begonnen, ihn abzulecken und seinen Kreislauf anzuregen. Ganz sanft hat sie ihn hin und her gerollt und schließlich gezielt an ihre Zitzen gestupst. Mustafa dockte an und trank.

Ja, so hat Mustafas Leben in der Obhut von Hedi begonnen – und ich gebe ihn jetzt auch nicht mehr her, egal was Sie nun herausfinden!«

Das gefiel mir! Eigentlich musste Anneliese Berger nicht weitererzählen. Der Fall war klar. Es war nicht untypisch für Katzen, die von Hunden aufgezogen wurden, dass diese kaum katzentypisches Verhalten zeigten. Wie hätte Hedi Mustafa auch vormachen können, wie man auf Sofa, Tisch oder Kratzbaum springen konnte? Auch Jagen hatte ihm nie jemand beigebracht, denn Hedi jagte noch nicht einmal Bälle. Sie war gut erzogen und durfte nicht aufs Sofa oder gar ins Bett.

Das erklärte vieles.

Mustafa hatte nur gelernt, sich wie ein Hund zu benehmen – natürlich mit leichten Abstrichen; zum Bellen hatte es zum Beispiel noch nicht gereicht. Nur die Tatsache, dass Mustafa sich lieber von Katzenfutter ernährte, wies auf seine Abstammung hin.

Im weiteren Gespräch kristallisierte sich heraus, dass Mustafa eigentlich nur dann schrie, wenn Anneliese Berger mit Hedi spazieren ging. Wenn sie beispielsweise zur Arbeit musste und deswegen das Haus verließ, schrie Mustafa nie. Dann war seine Mama Hedi ja bei ihm!

Um diese Abhängigkeit, diese emotional übermäßig starke Bindung zu der Pekinesen-Dame Hedi auf ein Normalmaß zu senken, empfahl ich die Adoption einer weiteren Katze vom Katzenschutzverein, am besten einer erwachsenen Katze, die die soziale Reife gerade erreicht hatte.

Bei den guten Vereinskontakten von Frau Berger war das kein Problem. Schon in der Woche darauf war die Wahl auf einen Kater gefallen, den eine junge Frau abgegeben hatte, weil sie aus beruflichen Gründen ins Ausland ging. Ich begleitete den Eingewöhnungsprozess von Johnny, der reibungslos klappte.

Auch Hedi hatte nichts gegen das neue Familienmitglied einzuwenden, für Mustafa sollte sich Johnny im Laufe der nächsten Wochen und Monate noch als gutes Vorbild herausstellen, und wieder war ein Problem zur Zufriedenheit aller Beteiligten gelöst.

## 18. Kaiser Augustus

Ich saß vor meinem Rechner und hatte gerade die letzte Mail des Tages aufgemacht. Absender war eine Margit Burgemeister. In drei kurzen Sätzen beschrieb sie ihr Problem: »Mein Siamkater ist 18 Jahre alt und schreit seit einigen Wochen Tag und Nacht. Kann man da etwas machen? Ich bin nervlich am Ende.«

Ich rufe die Frau morgen zurück, jetzt ist Feierabend, sagte ich mir. Auf meiner Armbanduhr war es schon halb zehn, ich hatte wieder mal deutlich mehr als zwölf Stunden gearbeitet.

In dieser Nacht schlief ich sehr unruhig. In meinen Träumen ging es um einen Kater namens Kaiser Augustus, der immer genau in dem Moment, in dem ich einschlafen wollte, laut schreiend auf meine Bettdecke sprang, dabei »Ja, hörst du mich denn nicht?« brüllte und mich wütend anstarrte. Dieser Traum wiederholte sich mehrmals. Als ich am nächsten Morgen aufwachte, fühlte ich mich wie gerädert.

Ganz oben auf meiner Tagesordnung stand zunächst die Fütterung unseres Nachbarkaters Gustav. Seine Leute waren für ein paar Tage an die Ostsee gefahren, und ich hatte wieder

mal die Betreuung übernommen. Ich griff nach dem Schlüs-
selbund für das Nachbarhaus und machte mich auf den Weg.
Schon durch die Haustür konnte ich Gustavs kräftige Kater-
stimme hören, die mich antrieb, noch etwas schneller zu
machen.

Wir begrüßten uns freundlich, und ich füllte seinen Napf.
So groß konnte sein Hunger eigentlich nicht sein, denn
Gustav war Freigänger, und alle Nachbarn wussten, dass er
sich sowieso jeden Tag, wo er nur konnte, kulinarische Köst-
lichkeiten stibitzte. Verhungern würde dieser Kater so leicht
nicht! Da er den ganzen Tag auf Achse war, über die Felder jagte und auf Bäumen herumkletterte, war er trotzdem
schlank. Jeder aus unserer Straße hätte diverse Gustav-Anek-
doten erzählen können. Ich wünschte Gustav einen schönen
Tag und ging wieder zu uns hinüber.

Nun wurde Kater Paule kulinarisch verwöhnt. Ich ließ ihn
hinaus, trat zum Fenster und sah, wie Paule ein kurzes Droh-
fixieren in Richtung von Gustavs Grundstück zeigte. Dann
lief er durch den Garten, markierte mit einem satten Urinstrahl die Hecke und verschwand in den angrenzenden Wald.
Vor heute Abend würden wir ihn nicht wiedersehen. Um
zehn Uhr saß ich dann in meinem Praxisbüro und rief Frau
Burgemeister zurück. Sie brach schon nach wenigen Worten
in Tränen aus: »Ich kann nicht mehr. Ich bin am Ende, Frau
Doktor Werner. Seit einem Monat nehme ich Schlafmittel,
aber das ist doch keine Dauerlösung! Mein Octavius ist jetzt
fast 18 Jahre alt. Er ist ein Siamkater. Ich weiß, dass diese
Rasse für gewöhnlich sehr kommunikativ ist. Wir haben auch
immer viel miteinander gesprochen – also so, wie man nun

mal mit einer Katze spricht. Aber seit einigen Wochen schreit er mir das Haus zusammen.«

Ich schluckte. Nicht wegen ihrer Schilderungen, sondern weil der Siamkater Octavius hieß. War das nicht der Geburtsname von Kaiser Augustus? Unwillkürlich kam mir mein Traum von vergangener Nacht wieder in den Sinn. Wer aus dem Universum hatte denn da seine Finger mit im Spiel? Ich nahm es als ein Zeichen – in diesem Fall glaubte ich nicht an den Zufall.

»Octavius schreit und schreit und schreit, Tag und Nacht. Nur wenn er schläft, habe ich Ruhe. Gibt es da vielleicht irgendwelche Medikamente, damit er damit aufhört? Selbst meine Nachbarn haben schon nachgefragt, wieso man Octavius dauernd miauen hört.«

Ich trank noch einen Schluck Kaffee und erklärte meiner neuen Klientin, dass das verstärkte Vokalisieren, das »Singen« der Katze über mehrere Stunden, viele Ursachen haben könne, angefangen bei einer Schilddrüsenüberfunktion bis hin zu Tumoren im Gehirn. Auch bei verschiedenen Erkrankungen, die Schmerzen verursachten, kam dieses Symptom vor oder aber bei Bluthochdruck und anderen Problemen.

»Liebe Frau Burgemeister, wir finden schon gemeinsam heraus, was Ihr Kater hat«, versuchte ich die aufgeregte Frau zu beruhigen.

Meine neue Klientin sah ein, dass ein Hausbesuch unumgänglich war und ich Octavius nicht einfach per Telefon ein Medikament zur Beruhigung verordnen konnte. Ich bat sie, noch ein wenig durchzuhalten. Vier Tage Wartezeit war das Kürzeste, was ich ihr anbieten konnte, da hatte jemand wegen Erkrankung abgesagt. Eigentlich war ich die nächsten drei Wochen bereits komplett ausgebucht.

Am darauffolgenden Dienstagnachmittag war es dann so weit. Schon unten im Treppenhaus hörte ich Octavius schreien, dabei wohnte er mit seinem Frauchen im zweiten Stock eines modernen Mehrfamilienhauses. Das Schreien klang fragend, suchend und frustriert.

Oben angekommen, sah ich mich einer großen, schlanken Frau Ende dreißig gegenüber, die mich an der Tür erwartete. Frau Burgemeister wirkte übermüdet, sie hatte Augenränder, der Teint war blass, die braunen mittellangen Haare hingen strähnig herunter. Ihre farbenfrohe Tunika, die sie über einer Röhrenjeans trug, war ziemlich zerknittert, so als hätte sie darin geschlafen.

Sie bat mich herein. Die Einzimmerwohnung machte einen gemütlichen Eindruck. Wir setzten uns aufs Schlafsofa, seitlich davon stand ein Glastisch. Daneben erblickte ich ein Bücherregal, einen großen Wandschrank sowie einen tiefen Lounge-Sessel. Wie bei der Kleidung sah auch hier nichts nach grundsätzlicher Unordnung und Schlampigkeit aus, sondern danach, dass das Aufräumen nicht mehr bewältigt wurde.

Kaum sah mich Octavius, da kam er auch schon angelaufen und miaute lauthals. Ich antwortete nach Menschenart, doch unser »Gespräch« war damit nicht beendet. Octavius eröffnete einen Monolog. Einen langen Monolog!

»Sehen Sie, so geht das den ganzen Tag!«, jammerte meine Klientin.

Ich ließ mich aber nicht aus der Ruhe bringen und schlug

vor, mit der Anamnese zu beginnen. Ich wollte viele Details aus Octavius' Leben wissen und über seine Entwicklung in den letzten Jahren auf dem Laufenden sein. Verhaltensweisen, Erkrankungen, Besonderheiten, Eigenarten, Rituale und vieles mehr. Schon jetzt deutete ich an, dass weiterführende Untersuchungen beim behandelnden Haustierarzt notwendig seien.

Dann kam uns der Zufall zu Hilfe, als mir plötzlich mein hölzernes Schreibbrett mit einem lauten Knall vom Glastisch hinab auf den Laminatboden fiel. Wir erschraken beide unwillkürlich.

Doch Octavius hielt seinen Blick weiterhin unbeirrt auf den Balkon gerichtet. Sonderbar!

»Haben Sie das gesehen?«, meinte ich.

»Was? Was meinen Sie?«

»Na, Octavius hat überhaupt nicht auf diesen Knall reagiert. Er hat nicht mal gezuckt! Warten Sie mal, das möchte ich noch einmal ausprobieren.«

In meiner Arbeitstasche habe ich immer Trillerpfeifen, mit denen ich, falls nötig, bei einem Hausbesuch aggressive Auseinandersetzungen zwischen zwei Katzen oder Katzen, die Menschen angreifen, unterbrechen kann. Katzen hassen laute Pfiffe, zumal ich beim Pfeifen nicht zimperlich war. Ich erklärte mein Vorhaben und blies dann mit Schmackes in die Trillerpfeife. Octavius saß immer noch etwa zwei Meter entfernt von uns und schaute in Richtung Balkon.

Er reagierte nicht, in keiner Weise. Nicht einmal seine Ohren bewegten sich nach hinten in Richtung Schallquelle.

»Der ist taub!«, platzte es aus mir heraus. »Ihr Kater kann

Sie nicht mehr hören, erwartet aber, wie all die vielen Jahre zuvor, dass Sie ihm wie gewohnt antworten.«

Einen kurzen Augenblick wurde mir etwas schwindelig. Ich dachte wieder an meinen Traum, in dem der Siamkater Kaiser Augustus mir beim Einschlafen immer wieder »Ja, hörst Du mich denn nicht?« ins Gesicht gebrüllt hatte.

»Sie könnten recht haben, Frau Doktor. Octavius ist in letzter Zeit auch ganz schön schreckhaft geworden.«

Dafür gab es nun eine plausible Erklärung: Er konnte sein Frauchen nicht mehr hören, und wenn sie dann plötzlich in seinem Sichtfeld erschien, erschrak er. Nun machte vieles Sinn.

Ich empfahl Margit Burgemeister spezielle weiterführende Untersuchungen, um andere Erkrankungen differenzialdiagnostisch auszuschließen. Natürlich wünschte ich Octavius, dass es »nur« bei der Diagnose Taubheit bleiben würde, aber allein der Befund »Alterstaubheit« würde ein ausgeklügeltes Beschäftigungs- und Kommunikationsprogramm, verbunden mit vielen Ritualen, erforderlich machen. Nur so würden wir erreichen, dass der Kater mit seinem Dauermiauen aufhörte. Und das musste gelingen, denn wenn taube Katzen schreien, können sie, wie wir bereits an anderer Stelle gesehen haben, einen Menschen fast in den Wahnsinn treiben.

Frau Burgemeister entschied sich jedoch gegen weiterführende Untersuchungen. Das konnte ich gut nachvollziehen. Sie wollte dem Senior anstrengende und belastende Prozeduren ersparen. In der darauffolgenden Woche trafen wir uns erneut, um das weitere Vorgehen abzustimmen.

Octavius war in seiner geräuschlosen Welt isoliert. Gerade für einen Siamkater mit seinem großen Kommunikationsbedürfnis war das sicher sehr schlimm. Wir würden Octavius eine Art Gebärdensprache beibringen müssen. Ob das in seinem hohen Alter noch zu schaffen war, würde sich erst erweisen müssen.

Wie schon in anderen, ähnlich gelagerten Fällen wollte ich den tauben Kater darauf trainieren, dass dreimal Klopfen auf den Boden bedeutete, er solle zu seinem Frauchen kommen. Zur Belohnung sollte er etwas Thunfisch aus der Dose erhalten.

Gesagt, getan. Octavius lag in unserer Nähe und schaute wieder aus dem Balkonfenster. Als wir kräftig mit einem Stößel auf den Boden klopften, nahm er tatsächlich die kleinen Erschütterungen wahr und drehte sich zu uns um. Ein gesprochenes Lob brachte uns ja nun nicht weiter, stattdessen bekam der alte Herr sein Stückchen Thunfisch und Streicheleinheiten.

Diese Übungssequenz führte Margit Burgemeister nun fleißig mehrmals täglich mit ihrem Kater durch. Sie war erleichtert und dankbar, dass die Ursache für Octavios Probleme gefunden war und es für sie beide doch noch eine Möglichkeit zur Verständigung gab, auch wenn sie bedauerte, dass die Zeiten vorbei waren, als sie ihren Kater einfach ansprechen konnte, wenn sie etwas von ihm wollte.

Der betagte Kater erstaunte uns jedoch mit seinem Lernvermögen. Wir schafften es sogar, ihm beizubringen, dass er sich bei einem einzelnen Klopfzeichen umdrehen und seinem Frauchen in die Augen schauen sollte. Wir setzten uns auf den Boden und stellten ein kleines Schälchen mit Thun-fischstückchen neben uns. Octavius hielt sich in unserer Nähe auf und war natürlich ziemlich frustriert darüber, dass er sich nicht daraus bedienen durfte. Er miaute, was das Zeug hielt, denn er wusste ja nicht, was wir von ihm wollten.

Jammernd und frustriert lief er umher und versuchte mit allen Mitteln, nach dem Thunfisch zu angeln. Als dies nicht gelang, setzte er sich schließlich vor sein Frauchen hin und warf ihr einen anklagenden Blick zu. Darauf hatte sie nur ge-wartet! Sie klopfte einmal auf den Boden und gab ihm dann ein Stück Thunfisch. Schon nach kurzer Zeit hatte Octavius kapiert, dass der Weg zum Fisch über den Blickkontakt lief.

Schritt für Schritt kam der Siamkater aus seiner Isolation he-raus. Natürlich durfte seine Halterin nicht bei jedem lang an-haltenden und nervenden Schreien auf diese Weise reagieren. Sie hätte das Miauen und suchende Schreien sonst verstärkt, und das wollten wir ja gerade nicht. Wir vereinbarten, dass sie lediglich in drei von zehn Fällen einmal kräftig klopfen sollte.

In den folgenden Wochen wurde aus Octavius ein ech-ter Streber. Wenn er spürte, dass der Boden unter seinen Pfoten einmal vibrierte, blieb er stehen, hielt inne, schaute sich suchend um und schenkte seinem Frauchen einen Blick. Prompt wurde er ruhig, schon diese kurze Kontaktaufnahme reichte ihm. Den Thunfisch brauchten wir längst nicht mehr. Die Belohnung war inzwischen nur noch der Blickkontakt, und damit war eine weitere Möglichkeit der Kommunika-tion gefunden. Ich hoffte, dass Octavius durch das Mehr an Kommunikation insgesamt weniger schreien würde.

Mein Plan ging auf. Nach etwa sechs Wochen war er fast wieder »nur« so gesprächig wie ein hörender Siamkater. Das war ein großer Erfolg. Margit Burgemeister veränderte zudem noch einiges in ihrer kleinen Wohnung, die sie jetzt auch wieder in den Griff bekam. Sie schaffte neue Versteckmöglichkeiten, übte mit ihrem Kater Intelligenzspiele und ließ ihn viel Futter »erarbeiten«, indem sie Leckerlis durch die Wohnung schnipste. Sie brachte ihm sogar kleine Kunststückchen bei.

Die beiden brauchten mich nicht mehr. Ich war erleichtert, dass alles so gut und zufriedenstellend geklappt hatte. Nach einiger Zeit schickte mir Margit Burgemeister ein Video: Ich freute mich so sehr über das, was ich da zu sehen bekam, dass mir die Tränen kamen: Octavius balancierte auf einem sehr schmalen Steg, der zwischen zwei stehenden Stühlen befestigt war. Fast drei Meter lief er auf dem Steg entlang, sprang dann auf einen kleinen erhöhten Liegeplatz und machte Männchen. Er hatte eine Aufgabe, und die bewältigte er gemeinsam mit seiner Besitzerin.

Ich freue mich immer sehr, wenn es gelingt, dass alte Katzen nicht ins Abseits geraten oder ins Tierheim weggegeben werden. Auch sie wollen gefordert werden, ohne überfordert zu sein.

# Katzen sind nicht erziehbar – oder doch?

Mieshelle Nagelschneider ist eine der gefragtesten Katzen-Expertinnen der Welt. Mit ihrem bewährten 3-Stufen-Plan zeigt sie, wie die wichtigsten Themen im Zusammenleben mit dem Stubentiger gelöst werden können: Wie gewöhne ich meiner Katze unerwünschtes Verhalten ab? Wie bringe ich sie dazu, dass sie tut, was ich sage? Und wie schaffe ich die beste Umgebung, damit die Katze Katze sein kann und sich rundum wohlfühlt? Basierend auf jahrelanger Erfahrung mit vielen Beispiele aus dem echten Leben!